晋作
古典家具

路玉章 著

山西出版传媒集团
三晋出版社

序

技博艺广铸自强，书似玉洁典成章

——记 路 玉 章 先 生

◎ 商所贵 ◎

　　"人生所学至老不弃、人生所知重在纳理、人生所福奉献求实、人生所立自信搏击。"太行山中的阳泉水养育了路玉章先生，在他身上体现了太行山上山与石的"阔气"性格。

　　路玉章先生自小喜欢木构的世界，幼年的理想就是做个设计制作家具的、旧级别制的"八级工"。于是高中毕业后，师从木工名匠，从底层做起，做木模、做家具、装修、雕刻，逐步完善自己的木工制作技艺。三年后一个偶然的机会，教育院校选择了他，进行了专业木工制作技艺与古典家具文化的系统学习，之后留校一直担任学校的教学和部分行政工作。繁忙的日常工作并没有让路先生的手艺生疏，他至今还在规范地传承着我国传统木工工匠的老手艺，在工作之余还在继续挖掘着传统木工工艺与古典家具文化，经过多年的积累，现在业已成为中国红木家具界的知名人士，被一些家具公司聘请为"专家监制"。

　　路玉章先生为人谦和，亦很朴实。他是学者，也是老师，亦是专家、古典家具制作名家。现已出版了多本关于木工技术、工艺、文化的系统论著和多篇专业论文，有将近四百多万字的学术研究成果，研究方向大都为国家级或省级课题，填补了国家级和省级传统技术工艺中的十几个空白。其中,在木材知识的解析和木材材质的论述中,突破了我国一直延续的心材与边材的两分法论点,建立了"两个三分法"的验证观点。即由原来的树木材质研究为心材与边材的论述,提出了树木采伐后,树桩纵向根材、中材、梢材三分法,和树木断面年轮的心材、中材、边材三分法。确定了木材最好的材质是在中材部分。

十年间,他利用假期和星期天自费跑遍了山西的各个地方,各个乡村,考察收集山西家具的相关资料。如遇出差的闲暇时间,别人遛大街,逛商店,他却凭着自己的专业素养来寻求和搜集天南地北的相关家具资料,吸纳五湖四海的工匠技艺精华,并以此来不断充实自己的专业学识。还在假日里亲自动手做木工工艺,制作木工器物与标本。正如它讲的:"我每天业余时间在家里间接地创作几百字,或是自己制作木工,或是研究解决技术问题,日积月累就有了大成果。"

先生有自己的专业创作特长,是个多才多艺的专家型作家,是山西省专家协会会员,是古家具制作技术专家。他在木材的世界里(木材研究,古建筑木工,家具木工、雕刻木工,模型工,农具木工,砖雕,根雕等)做着自成体系的制作技术与艺术创作工程,从建筑木构技术到家具制作与收藏、木材鉴定、木雕艺术、民间砖石雕塑艺术,形成了一系列的艺术文化专著。而且其论著有着很高的科学技术价值与艺术文化价值。

路玉章先生凭着多年对山西古典家具的研究与亲身的实践制作经验撰写了关于晋作古典家具的书稿,文辞精炼,术语专业。从风格、工艺、下料、雕刻等不同角度进行了阐述,对山西各种木材制作的古典家俱进行了专业的审视,图片收集全面、专业评析精炼、技术解析得当,较为全面地说明了山西古典家具的概况,对于收藏鉴赏山西古家具,研究山西古典家具发展历史和传承演变有借鉴作用,对于晋作家具的研究进一步走向系统和深入,是一部开创性的山西家具文化著作,其价值和影响力不可低估。

谨为序。

目录
MULU

晋作古典家具
概述
DIYIZHANG

第一章

中国古典家具是一部伴随着人们生活历史的传统家具文化，山西的古典家具就是在悠久的历史生活中形成的。"五千年文明看山西"的文化论断，说明山西是中国历史文化的重要发源地。

山西历史悠久，西周成王封地于唐(今山西省翼城县西)，不久，因晋水而改唐为晋。公元前453年，韩、赵、魏三家分晋，又称"三晋"，即后誉为"三晋大地"。此后，"晋"就作为山西省的别称。三晋大地的木工作坊品牌与技艺独秀一方，此即产生了与中国四大名作家具一并驰名的"晋作古典家具"。

"晋作古典家具"代表了中国中部地区的木行特征与家具文化，是在晋商家具行业叫响的山西木作坊和山西漆器行制作的品牌家具。这和历史上的晋派古建筑有一定的关系。山西古建筑遍及全省各地，占全国现存古建筑的70%。古家具文化自然受到魏晋南北朝、唐、宋、辽、金、元、明、清各个朝代传统建筑的影响，修房盖庙中的木工高级工匠，遍及各个乡村。传统建筑业的发展、扩大,其地域风格的成熟,促进完善了山西木工帮派。因此,建筑木工业的发展自然和家具业相联系,造就了人们对家具使用与陈设装饰的更高艺术需求,木工自然随着行业的技艺完善,建筑、车行、家具、雕花、漆器技术分离或是兼做,各种风格的优秀家具引领了晋作家具艺术的发展。晋作古典家具历史源远流长,现在最早可以追溯到魏晋南北朝时期,从宋元时期开始,山西的家具风格业已形成了一定的形式,其代表品牌有漆器家具、圈椅、炕桌、炕屉(民间叫小书桌)、橱柜、马扎、神架、四尺半长凳和雕花家具等。

　　山西家具有优越的人文地理环境,又有"晋商"从商的店铺柜台需求,账簿书籍的存放和储藏与隐蔽性的需求,所以明代以后,铺柜、书(竖)柜成为晋作家具的一大发明。之后逐渐发展到适合窑洞房屋的陈设用具,如柳木圈椅、老榆木、老槐

技术要素:腿框架的三面俊角结构,也叫三碰肩木构,门板与镶板的平面镶嵌结构、平面性技术给人以舒展阔气的感觉。

◆ 1-1 明　晋作榆木橱柜(大漆漆饰)

技术要素:桌面俊角装心板,束腰凹面带起线,罗锅马蹄回纹线,挂落牙板镶榫连。

◆ 1-2 清 罗锅马蹄腿束腰桌

木书柜(竖柜)、铺柜、几案、八仙桌等家具,民间各家各户都有。

清代,"山西富商甲天下"。山西的官宦巨商、乡绅富户更是大量的修建厅堂院舍和花园府第。在山西传统窑洞文化的四合院式的建筑文化中,坐北朝南的正房为主宅,豪华的窑洞正屋前还修筑迁檐式廊柱或是垂花柱式楼台。院落的两边东西方向多设有硬山顶砖作配房为附宅。南设门楼与大房子,或叫"戚位",是为厅室,形成了隐蔽的四合院落。建筑的豪华,对家具需求的档次逐渐提高,造就了山西木工工匠广集苏、京两派之风,发展了自己的古典家具。

晋商晋作古典家具器物的主要表现形式有:厅室内摆放有大量高档的桌子、翘头案,各种椅子、柜类家具,屏风、座镜等。

其用材涉及范围很广,有紫檀、红木、楠木、核桃木、樟木、老榆木、老槐木、香椿木、柳木等,漆饰常以大漆、靠木漆、描金、彩绘涂饰,各种家具的表现形式不尽相同。

一、晋作古典家具选材

山西本地区产的核桃木、柳木、老榆木、老槐木、香椿木,是为上等材料,大户商贾也向南方或是近邻京城购买一些紫檀、红木、樟木、楠木制作自己区域文化的生活家具。本地的老榆木、老槐木等较硬木料常制作坐具和竖柜、厨桌类家具。核桃木、香椿木、柳木这些材料,软硬适度,纹理顺畅,匀称大气,还适宜雕刻,常用于翘头案、橱、桌、柜、几、架的制作。传统工匠行当选材中有:"南花梨北核桃、南樟木北柳木、南榉木北榆槐"的说法,就是如买不到花梨,就做核桃木材质的;如买不到樟木做箱子,利用柳木、桐木也可以较好地制作常用的箱子。这样,山西本地的榆、槐、核桃木、椿木常用于制作柜、桌、凳椅等常用家具。

二、晋作古典家具配料

清代以后匠传:"硬木做框做面料,软木质细板或雕,稀缺木料利用好。"清代以后山西有很多优秀耐用的配料家具,有云:"好门能甩四十年,好柜能放三百年;活动桌椅不好做,硬木还得卯鞘严。"说明山西匠人特别讲究制作家具的榫卯结构与使用寿命。山西的山枣木材质近似红木,现存的枣木橱桌还有例证,说明制作家具只要配料得当,工艺到位,一样能做出优秀的家具。

◆1-3 民国　红木贴皮长桌

　　晋作配料家具还有一种特定时期的贴皮工艺，多用于柜子、框面、座屏底座的框枨面包贴。这种工艺主要是在一定期内人们崇尚好的木材材质纹理与装饰产生了这种特殊的加工方式，如把紫檀、黄花梨或是榉木、柚木等纹理好的木材锯刨成 3~5 毫米的薄板，用膘胶、严实卡紧贴于其它框枨木料的表面，随榫卯结构的穿插形式而改变，完善了家具框枨结构加工的装饰美。

三、晋作漆器家具

　　山西的木工作坊和富商虽然也向南方购置大量紫檀、红木、花梨木、楠木、樟木等贵重木料制作家具或是直接引进各种高档家具，以满足富商与官宦人家的使用需求，但是山西历史上漆器家具很是驰名。山西平遥的推光漆器家具（银驼色）始于唐代，山西阳泉平定的描金柜漆器行（金驼色）到清代更是进入了全盛时期，绛县的云雕漆、螺钿镶嵌家具除由达官

技术要素:晋东描金的典型工艺,多作为女方的嫁妆品。

◆ 1-4 清 描金针线笸箩(是一件描金漆饰工艺品)

贵人购买外,还出口日本与东南亚各国。

四、晋作古典家具的阔气特征

总体上讲,晋作古典家具"源于宋元风格的建筑基调,含有京都风格的大气,崇尚苏州雕刻的刚柔兼济,表现晋作的地方'阔气'特征"。山西地处太行山与吕梁山脉之间,依山傍水的人们造就了对家具制作的诚实与稳健、实用阔气的艺术风格。

晋作家具是在我国历史的政治环境、经济环境、生活环境中产生的。从山西壁画文物与石器家具、琉璃家具中就可以看到山西的历史渊源,看到晋商生活中的奢华。

从晋中阳泉郊区北㟀村古墓壁画(北宋)《宴饮图》中的桌椅,能够看到墓主人灯挂椅的尺度造型,圆腿插肩结构、拉枨位置、脚踏的形状,木工制作的桌椅比宋代《清明上河图》中的造型结构合理很多,这也是晋作家具历史符号的见证。屏风与字画、床榻帘帐的装饰,再现了宋代晋东地区家具制作工艺与家具文化的环境。

从晋南张壁村看到晋商生活中的清代石材家具可以看到,

◆ 1-5 阳泉平定马齿岩寺
元代有屏风与桌子的壁画

◆ 1-6 阳泉郊区北舁村古墓壁画：
北宋《宴饮图》中的椅桌与屏风

圆檋方桌的轨迹适度，腿墩的雕刻稳健。院内石案（无翘头为桌，有俏头为案）配料用材尺寸之适度，线型与规矩雕刻之阔气，说明山西石匠亦有晋作家具的专长。

"您的家具真阔气"，"阔气"是俗话的口头禅。山西人就连黏土烧制的瓷器上釉家具也是别有艺术风味的特殊家具。

五、晋作古典家具的艺术风格

晋作家具的艺术风格，作者评论为：

清　上马石

清　石案

清　晋南张壁遗留的石秀墩、鼓墩、石桌、石作盆座。

清　阳泉地区遗留的石墩

◆ 1-8 园林中的石材家具风格

清　阳泉瓷釉鼓秀墩（崔存文藏）

◆ 1-7 晋东阳泉的瓷器鼓墩

五千年文化情韵,动静相宜;

造型考究的木构,不腻不霸;

诚朴奥美的大气,拙巧自如;

晋商儒学的厚重,舒适有律。

山西晋派工匠讲究"名师出高徒,匠人丢口不丢手"。这是拜师学艺口传身授的口诀。意思是说匠人丢口可以讲"我不干,做不过来",一旦承揽的加工制作,不能让别人笑话自己的手艺。中国古典家具特征是在家具行业的互相比较、互相模仿中去其糟粕、取其精华而发展产生的。晋作家具的特点有:晋

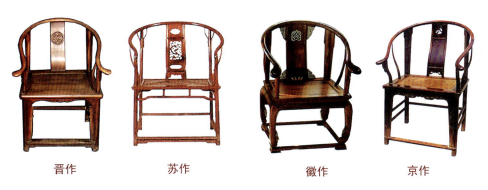

晋作　　　　苏作　　　　　　徽作　　　　京作

◆ 1-9 中国四大名作家具特征

北的宋元历史痕迹,晋中、晋南的粗犷大气,晋东的舒展,绛县的细雕工艺,平遥的推光漆饰,平定的描金家具。这些家具秀丽典雅,粗犷中蕴藏着细腻,技术上延续了明代家具艺术的造型,创建了清代家具的线形装饰尺度,完善了清代家具的精雕细作文化。清代全国家具制作技术文化的大交融,使晋作家具从各地区的建筑雕刻、制陶与琉璃烧制环境、木石材质、民俗、匠艺等文化方面丰富了自己刚柔兼济的艺术风格。但在传统

的形式方面总带有各个地区工匠自己的艺术风格，或是带有一些差异的传统符号。

六、晋作古典家具存量

山西古典家具存量很大。因为山西的建筑、气候、人文生活环境适宜家具长期使用，其质量与技术又足以延长寿命，其造型与配置则反映出全省各地区民间对家具使用的乡俗习惯。

从山西晋商院落生活中的清代石材家具——秀墩、鼓墩，看到了山西石匠仿木浅浮雕工艺的地方特点与工艺水平；山西晋商院落生活中的琉璃家具，制陶捏塑与使用釉彩，则丰富了晋作家具的内容。

山西太谷的三多堂博物馆，祁县乔家大院，灵石王家大院等，可以说是山西民间古家具的博物馆。有众多大大小小的各种材质家具，有木材贵重的，有配料庄重雄浑的，有雕刻秀气华丽的。晋中乔家大院的珍藏品，核桃木质的"犀牛望月镜"等家具，从艺术造型、木结构连接、用料搭配、雕刻手法特征、原木原汁与上漆等方面，都可以看作晋作古典家具的样板，体现出晋作家具诸多的文化特征。

◆ 1-10 清 核桃木"犀牛望月镜"

由于地区工匠帮派的形成，中国皇室家具造型以"京作家具"为代表品牌，中国园林家具造型以"苏作家具"为代表品牌，华北一带民间家具造型以"晋作家具"为家具的代表品牌，华南民间家具造型以"徽作家具"为代表品牌。沿海一代带出现了"广作"与上海一带的"海派"家具。

总之，中国不同地区的民族，随着生活习惯与环境的不同，都有自己的家具品牌特征。

七、晋作古典家具工艺

木工工匠们在口传身授的制作工艺过程中有很多俗语，其中有："三年出师六年功，八年以后如营生（营生：即技术好）。"工具运用俗语有："是匠不是匠，专比好作仗"。工具的数量和形式上还称得上是："魏虎的武艺，十八般兵器样样俱有"，这即代表了工具的全面性与制作的精确性。做什么活，用什么工具。木材在选材下料中俗语有："三分下料七分做"，即下料技艺有三分之一的匠心，必须有木材知识文化的运用。设计画线俗语传有："没有规矩不成方圆"，即画线有规范的标准。备好材料后，又出现"三分画线七分做"的俗语。这指的又是木结构设计和细加工的画线，画线设计有三分内容作为整个工艺制作的设计与操作保证，才能制作好家具。锯刨凿刻必须按着画线实施各项技艺，锯有使用的规范方式；刨有技艺的操作功底；凿有"月牙凿"形状才能凿好方正的眼；刻有深浅浮雕和镂空雕刻的"纹地刀工"。木结构组合过程中"一看周正二看面"。组合光洁中要求"木匠不留线，留线一大片"。为了保证光滑，圆有线刨的专用工具,镶板有刨槽的专用工具,面的平整有刮光的刮刀。油漆技艺另当别论。

八、晋作古典家具环境

随着住宿环境、使用空间、生活习惯的改善,人们使用家具或多或少存在着一定的区别。使用空间的大小方面,平房开间大,使用放置家具就较大;窑洞开间小,使用放置的家具就较小。正如皇室的宫殿宏大,放置家具的等级尺寸就高大。生活习惯的区别也起作用,蒙古包的游牧生活和内地农耕生活中窑洞与平房的家具设置存在差别;内地居住和沿海居住的家具设置也存在不同的放置形式;民间家具和佛教家具同样也存在形状方面的区别。这些特征体现了中国各民族不同地区的不同艺术风格,也是中国各民族生活实用性文化存在的环境性差异。晋商"三多堂"正厅摆放的五尺大桌与丈五大屏风、晋商王家大院窑洞中摆放的桌椅都是山西民间生活环境与居室环境之用途不同而所产生的不同家具样式。

人们对居室环境的需求和人们对家具的需求各有其质,各有其情,形成了居室文化独有的情感艺术。制作家具俗有"主家由心变,匠人挣工钱"的说法。人们的爱美意识形成了居室环境的需求文化。主家的情感艺术落实到匠家制作的感情艺术,表现出来的是对生活中家具实用工艺和艺术创作的满足。这样造就了传统居室古典家具的陈设既能够表现得优美华丽又不俗气,即使现代居室中古家具的点缀陈设形成的同样是一片室内环境有价值的绿地。

人们对家具需求和家具的制作活动有着历史的发展过程，一开始制作的是简单粗陋的家具，合理运用木材，从生活实用的目的出发。先是一般"写实"的用具创造，当以光滑与适用的规范尺度产生，锯、刨、凿工具的发明，直至家具框架卯鞘骨骼结构的逐渐完美，又到民俗雕饰花纹在家具中应用的形成，才逐渐形成了各种古家具的艺术特征。

九、晋作古典家具文化

晋作古典家具文化随着社会生产力的逐渐发展而完善。在唐、宋、元时期完善了家具的各种造型和尺度，明清两代兴盛，达到了中国古家具品牌的辉煌和鼎盛时期。这种与人民生活息息相关的传统工艺，形成了中国特有的一种家具文化之美。另一方面，古家具雕刻镶嵌的装饰图纹，与地区地方的特点相适宜、与家庭的经济生活条件相适宜、与满足人们的需求与喜好相适宜，有的家具形制还记载着生活中各种祥瑞的艺术图纹。

◆ 1-11 核桃木屏风隔断
的"寿"纹浅浮雕底座

古家具文化的发展产生了中国古典家具的品牌形象。晋作家具文化是我国四大名作家具文化中的重要品牌，包含着各种家具的形式和内容，以及家具艺术的文化载体。把古家具的内容和形式进行归类，自然就发现了家具内容和形式繁多的文化现象。有各师其法的家具；有尺度合理变化的家具，有匠意木构与档次差异制作的家具；还有材质差异制作的家具。这些好的家具品牌，又促进了现代家具产业文化的向前发展。

古家具文化是优美的古家具品牌形象，"材质贵重档次高，做工精细人说好"。如果说作家有好的名著留名于世，书法家有好的名作留名于世，画家有好的画作留名于世，那么，木工"匠家"自然应有留名于世的珍贵家具精品。

代表中国古家具文化品牌的是中国明清红木古家具。中国红木古家具在明清历史的沿革和特定的时期，形成了自己一种独特的家具文化。晋作古典家具中质量好、造型优美的明清古

◆ 1-12　清　紫檀木食盒

◆ 1-13 清　晋作椿木座屏

家具自然地流传了下来,一方面广泛地受到人们的青睐和市场的认可,另一方面,为我们鉴赏和收藏中国四大名作家具提供了一份重要可贵的传统文化资料。晋作古典家具以民间晋商和达官贵人使用的家具珍品作为品牌,突出木质的高档贵重,工艺的独特价值,凸显了人文内涵和造作工艺。

明代红木古家具做工严谨细腻,木构肢体舒展阔气,线形流畅,简洁大气,非常适合当代人的审美情感。清代红木古家具精致华丽,雕刻细致、情感丰满、意境悠远,更适合当代人们情感的回味与家具民俗艺术的文化审美。这两个历史时期的家具各具特色,让人百看不厌,千看不烦。这种古典的家具文化给人们留下了宝贵的艺术财富。

晋作古典家具
造型风格

DIERZHANG

第二章

　　在我国历史上,建筑工匠和家具工匠是在同步发展中逐渐分离开的，形成了家具文化发展的历史轨迹和帮派文化风格。山西优越的地理经济环境与深厚的历史文化积淀,造就了晋作古典家具厚重的艺术风格。

　　人们的生活需求中,有建筑屋室的拥有,就有家具配备的需求。家具配备的制作有"主家由心变,匠人挣工钱"的说法。主家的"心变"就是人们对家具制作的需求和应用。由于家具制作过程中存在着造型风格、经济条件和审美情趣的变动,工匠做工的多少,用料的档次,工艺的简繁大都随主家的生活需求与人文环境进行制作。当一件好的家具作品创作产生时,随之而来人跟人、户跟户、村跟村,家具商铺也跟着出现"卖货"。又因为工匠受师传弟承技艺与材质稀缺的地域制约,不同风格的家具文化又在一定的区域范围内共同发展。如西方家具和中国家具的差别,欧洲家具和日本家具的差别,人们的需求一定程度上要求家具文化适合当地人文与地理特点的使用和审美要求,在各自的发展中进行适当的或是全面的艺术融合,这就存在着家具文化的差异,家具制作的流派或叫帮派在历史的环境中是真实地存在过的。

中国幅员辽阔,民族众多,地域文化差异明显,造成家具制作过程中内在的工艺美隐含了各民族生活中丰富的艺术文化底蕴。这种文化底蕴或有需求者经济生活的差异,或有各自民俗文化和审美环境的差异,并且各自具有独特的符号特征。自然还包括着制作工匠、当地条件等现实存在的客观的工艺问题,口传身受问题,家具样式自然各具当地特色。

家具是随着木工行业的发展,工匠的形成而不断完善的。技术侧重点的发展差异在相互交流和制作过程中逐渐完善,同时也表现着行当工匠们各自的情感艺术风格和匠意特征。然而,在人们的历史生活和市场环境中,行业工匠又以不同的地域文化和不同的民俗习惯规范地创造了自己独特的工艺风格。

◆ 2-1 明 晋作核桃木小圆凳

一、晋作家具行业工匠的形成

我国历史上早期的木工各具行业制作的特长，有专业的家具工匠，有兼做的家具工匠。"师传弟承"的现实情况，造成工匠的技艺有高有低，有粗有细。只有工匠的制作技艺精细，需求者的审美标准较高，经济和物质条件允许的情况下，才能有好的品牌家具出现。

（一）农具行家具的形成

山西农具行家具是以农具

◆ 2-2 农具行的斗、升、桶、马鞍

制作和维修为特点的家具行当，兼做民间家具，就是耧、犁、耙、盖、扇车、风箱、辘轳、碾框、风车、水车、纺车、斗、盆、桶等

等。从事农具以及各种装修制作工艺的工匠，大多突出利用农具的木结构工艺，选择性地运用工艺，自然也兼做一些日常家具。

农具行业工匠兼做的古家具，一般较为粗笨，不追求漆饰，但注重自然弯曲

◆ 2-3 农具行木犁与耙

◆ 2-4　阳泉种谷子与麦子"七斜
八拍"的耧犁木构（老照片）

的结构美。制作工艺以结构取胜，卯榫可以在任意叉斜的尺度中进行变换，"七斜八拍"是它的独到之处。这种古家具实际上大多为需要而做，为实用而制作。

晋商农具行家具的帮派风格特点是：朴实厚重、结构合理、富于变化、牢固扎实。欠缺方面是：这些常与山石环境打交道的山西工匠，其本身多为农民，以追求实用为目的，故而用料和风格较为粗阔。

（二）工商行家具的形成

山西工商业行家具是以州县工商业行当为特点，专门制作和销售的常用家具，俗称"卖货"的家具。包括卧具、坐具、桌案用具、起居和屏蔽用具、储存和衣

技术要素：扶手搭脑方料弯，腿脚方正壸门巧，镶角硬鼓牙花牢，卯肩齐整质最好。

◆ 2-5　清　方料弧形椿木罗汉椅

架用具等等。工商业家具行当的家具造型优美，表面光净，尺度比例协调。

1.一般家具。重表面装饰，形式千变万化，价廉实用而新颖，但存在不耐久的缺陷。

2.贵重家具。注重名贵和高档材料的运用，在结构、造型、工艺雕花装饰方面十分豪华，价格昂贵。

3.稀缺家具。专为皇室和达官贵人，以及富商大户特制，用料实在，工艺精湛，价格极其昂贵。

晋商家具行业木工专做的古家具表现形式精美，有大漆的表面涂饰，家具的尺度舒适规范，表面处理精细光滑，各种什件和镶嵌非常得体。这种家具重配料，但部分家具在用材方面欠缺，存在易损坏的缺陷，这是行当职业专门随着市场销售的环境而产生的。

民间认为，卖货家具不如自己请好木工专门制作的质量好。

（三）漆器行家具的形成

山西漆器行家具是指以漆器工艺为特点的工匠制作的各种描金、镶嵌、皮货漆器等家具。突出装裱、什件、镶嵌艺术等方面的特点。漆器有重表面装饰的工艺特点，但旧时漆器行木工制作的家具和一般木工制作家具有一定的差别。一般

◆ 2-6　清　柳木黑漆花几

木工家具在画线选料时,材质常常好面朝外,劣面朝内。而制作漆货(漆器行家具)时,要劣面朝外,好面朝内。这种手法好似有违常理,但是家具的装板、卯榫结构能够保证质量,有材质缺陷的一些木料也能够合理运用,在漆饰工艺的装裱中就可以处理好各种外表缺陷。漆器家具的缺陷是时间久了以后一旦损坏,较难维修。

漆器行业古家具一般重表面形状的装饰,而轻木结构。尤其描金漆饰家具,追求裱糊、饰画、镶嵌的工艺美。同时又和一般家具形式互相交织,在取长补短中共同发展。

(四)雕花行家具的形成

因为雕刻费工时,一些雕刻工匠逐渐从行业中分离出来,建筑雕刻工匠也逐渐转向家具雕刻,形成了雕花行家具。比较有名的有神龛铺、神龛堂等作坊的商号。大部分工匠以雕花工艺为特点,兼做各种雕花家具和雕花工艺品。这种工艺重视雕花的细腻,以其纹地刀工娴熟的雕花手法运用到家具上,配置

◆ 2-7 清 雕花桌子

传统的、民俗的文化图案,把家具线形和图纹装饰结合得惟妙惟肖。珍贵木材制作的家具贵重而气派,但由于工匠工艺高低有别,一般木材或是一般工匠制作的家具存在一定缺陷。有的家具重雕刻而轻结构,易损坏。

技术要素:六方鼓架带雕刻,腿枨起线做插肩,立卧拉枨卡皮严。84块雕花板,42块牙花板,形繁艺精韵留恋。

◆ 2-8 清 椿木鼓、架,樟木雕花板

雕花行业木工制作的古家具多采用民间传统图案,常用在束腰、壶门、牙板、背板、面板等处,或是恰当地刻制一定的图纹,或是镶嵌精美的图形。这种家具经过合理配料,多为提高家具的档次而生产,带有工艺性销售的性质,但存在繁雕刻而轻结构的缺点。

(五)建筑行家具的形成

建筑行家具,是以古建筑木工工艺为特点兼做的各种室内家具和各种雕花家具。特点是取样较为粗阔,雄浑大气。建筑

◆ 2-9 山西古建筑维修的柱栏形式

的房屋完善后,随之就有对家具的需求。工艺好的工匠自然就是"主家"制作使用家具所青睐的对象,工艺差的工匠兼做往往存在着造型与尺度比

例欠缺的问题。

（六）车船行家具的形成

车船行家具，是以风车、水车、纺车、独轮铁包角车、双轮战车、平车、大车、独木船、货船等制作和维修为工艺特点的工匠兼做的家具。这种家具突出了榫卯结构的牢实，重硬木制作，有用料粗阔简洁和真实自然的特点。

◆ 2-10 山西晋南的一种轿车形式
（山西会馆藏）

总之，因为传统木工家具行业的工艺侧重点不同，加之口传身授和师传弟承也存在差异，从事木工制作的工匠们工艺各具特长，各有千秋。在一定程度上共同发展了古家具的制作工艺，并随之产生了千变万化的各种家具形式。由此，古家具的制作丰富了各种木结构形式和

椿木高桌

技术要素：以车行的穿插技术与七寸探头俊角形式的桌面制作，霸王枨托桌面，保证了腿面的牢固使用。

◆ 2-11 晋作车行家具的特征

用料尺度。从另一方面而言，又多方面地促进了家具行，或者制作厂家的家具在木工工艺规制方面的更加规范。包括其制作形式、下料、画线、尺度、选材、结构、配料、装裱、漆饰等加工

工艺或是制作工艺的完善和深化,使传统的一些造型美、材质好、耐使用的家具在模仿和对比制作中流传下来。

木工家具行当帮派,由于"口传身授"的习俗和各自传统绝技特点存在一定的差异,制作的古家具表现风格自然带有行业的文化特征:

农具行多变化而求扎实。

家具行多规制而求新颖。

漆器行多裱作而求漆饰。

雕花行多华丽而求祥瑞。

建筑行多朴实而求大气。

车船行多壮实而求实用。

所以,家具是在社会发展和人们经济生活条件的改善中,逐渐在结构和工艺方面呈上升趋势发展的。时代在发展,家具工艺同样在发展变化。家具工艺在发展中转向创新,人们审美情感也在变换中转向更高的层面,原始人用木墩、木桩、石块磨光作为坐具是那个时代的美;工具的发明,摞木垫起的镶嵌和挖磨,腿枨支撑和穿削,发展为卯鞘结构的工艺,这就是又一个时代的美;现在,随着生活水平的提高,坐具出现千变万化的形式,各种新材料的相继运用,加工工艺精细合理、先进,又是这个时代的美。明清两代家具是集唐宋元各个朝代的风格之大成,在家具木结构制作中达到了巅峰,突出表现在家具的造型工艺和考究的配料制作上。晋作家具也在此时达到了家具内容和形式的丰富多样。

金　高桌　山西
大同阎德源墓出土

北魏　榻　山西大同
司马金龙墓出土

金　扶手小椅 山西
大同阎德源墓出土

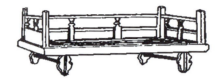

金　孩床　山西大同阎德源墓出土

◆ 2-12 早期的家具风格

　　家具的历史,应该以代表中国家具历史的艺术品牌样板或是精品,宏观地看待它的文化风格。

二、早期的晋作古典家具

　　早期晋作古典家具的形成先有辽金实样,后来受唐、宋、元家具的影响较大,以炕桌和圈椅为日常生活用具;又受晋商店铺需求的环境影响出现了铺柜;受官宦文人墨客的文化影响,书柜做成了储藏的竖柜。还受山西古建筑

技术要素:辽式纹饰作雕刻,早期椅子母体化,透榫花芽与镶槽,铁件配备合理化。

◆ 2-13 元代　阳泉连庄庙宇存放的抬佛像的神佛架

影响，总带有建筑结构的符号。

辽式　栏杆式长椅

> 技术要素：九尺长椅四尺半凳，柳木柔韧有弹性，巧工可作好家具，民间民俗讲实用。

◆ 2-14　宋、元风格的椅子、凳子

明清两代，家具制作在中国历史上造就了至高无上的品牌文化，某些方面也更具人性化。王室拥有厚重豪华的气势，富丽堂皇的繁杂变化；民间拥有秀丽多姿的雅趣；佛教拥有中外文化艺术交融下的隽永华丽。山西近邻北京，政治环境好，有丰富的煤炭和钢铁冶炼资源。晋商的贸易交流使家具制作自然地吸收了京派与苏杭的传统建筑与文化，得到了长足的发展。

晋作古典家具让我们看到的是古家具千变万化与丰富多彩的一种文化。清代晋作古典家具上承唐、宋、元、明各代的工艺之长，下集当时各民族传统制作工艺之大成，在工匠艺术上形成了不同的工匠流派和不同的工艺风格。山西工匠在建筑造型、家具制作、雕刻技艺方面形成了自己独特的帮派风格。晋作古典家具在明清时期突出地表现了中国古家具的纯朴扎实和山西人"阔气"的品牌文化。

三、明清晋作家具的风格

山西明清晋作古典家具的风格，是在悠久的历史生活中形成的。山西地处北方，特殊的地形使房屋和家具适宜年长日久的保存。

明末清初以后,"山西富商甲天下",山西的官宦巨商、乡绅富户大肆修建厅堂院舍和花园府第,人们对家具的需求档次也越来越高。山西的家具明以用料粗放为主,清以配料适中为主,造型似于京派。雕刻柔而不尖立,纹底刀功似于苏派,继而发展了自己的家具品牌。

山西晋商的豪门贵族,集晋京两地文化的厚重,除皇室个别的家具物象禁忌制作以外,从古建筑到家具,常年养有手艺好的木工工匠,"日以升米付酬,年以银元结账"。来自北京、上海、苏广、海外等地的优质木材,山西应有尽有,紫檀、花梨、红木这些家具个个大院都有。后来,在中国解放战争时期,这些名贵家具就逐渐分散和流失,这也导致山西家具收藏从解放以来一直处于低迷状态。

山西晋作民间家具除红木家

◆ 2-15 清代 紫檀木火盆架

◆ 2-16 清 晋作黄花梨座镜风格
（太谷三多堂博物馆 藏）

具以外，选材考究也是一大特色，主要以本地区的核桃木、榆木、槐木、柳木为上等材料。尤其核桃木这种材料，软硬适度，纹理顺畅匀称，材质与花梨木较为相近。山西又多用榆木、槐木等较硬木料制作坐具和柜橱类家具。

山西工匠讲究配料，清以后柜橱配料更是考究。家具的腿料采用颠倒画线的方式，使人感觉到正面纤细，但失不沉稳。一件家具中同一种木料欠缺时，可以用硬木做框和面料，柳、椴、楸、桐等木料做镶板料，这也是科学的配料方法。

制作珍贵高档家具也是山西一大特色。山西太原府和各州各县的木工作坊也单独向南方购置红木、花梨木、樟木、柚木等名贵木料制作家具。山西平遥的推光漆器家具始于唐代，到清代时更是进入了全盛时期。绛县的云雕漆器、螺钿镶嵌家具除由北京好多达官贵人购买外，少量出口日本与东南亚各国。

山西晋中的"王家大院"、"乔家大院"以及"太谷三多堂博

技术要素：尺度比例讲规范，材质贵重还镶嵌，挂落形牙板雕刻好，整体工艺不一般。

◆ 2-17 清　黄花梨螺钿镶嵌高桌

物馆"就是代表山西民间古家具的博物馆。大大小小的各种木质家具,材质贵重的有紫檀、花梨、楠木等;庄重雄浑的屏风、案桌、柜橱等;秀气华丽的衣架、梳妆盒等。从艺术造型、结构连接、用料搭配、雕刻手法、原木原汁上漆等方面,我们可以看到"晋作"民间家具的样板品牌特点。

家具的风格是在对比中衡量的,京派风格大气,南派风格秀气,晋派风格阔气。

研究工匠帮派和地区家具风格对认识传统家具文化的历史发展有一定指导意义,又可以引导从事家具制作的工匠们,全面完善制作工艺以及提高传统家具的制作档次。但是帮派风格是从宏观方面看待的,各师各法,不可能面面俱到。中国是个多民族国家,虽有中国四大名作家具与两

◆ 2-18 传统宝盆象雕刻线描图

派家具(上海、广州)为典型代表,但少数民族和一些地区的家具风格特点也独具特色。

晋作古典家具
工艺要素
DISANZHANG

第三章

　　晋作古典家具工艺在保证基本技艺要素的前提下，因个人的设计思想与制作情感的差异，制作过程自然地融入了独特的工艺要素。工艺要素包括材料要素、造型要素、规格要素、模块要素、精度要素、感情要素。

一、材料要素

　　家具制作中选用哪种材料是家具制作的基础，"巧媳妇难为无米之炊"，材料决定着家具的档次、使用寿命和材质所表现出的艺术文化。

　　红木类家具给人以沉稳、耐用、华丽、美观的触觉和艺术感染力，表现出珍贵材质的价值美。

　　白木类的栎木、核桃木、榆木、椿木、槐木给人以坚实、柔和、舒展的

◆ 3-1　红木翘头案的
木构和雕刻纹饰

◆ 3-2 铁力木特征

◆ 3-3 花梨木质感

◆ 3-4 黄花梨木纹理

◆ 3-5 越南黄花梨

◆ 3-6 旧紫檀木的材质

◆ 3-7 进口紫檀木纹理

◆ 3-8 含金点的紫金木

艺术情感力,表现一种实用美与使用寿命长的特点。

杨柳木、松木给人一种简洁、轻便、经济自然的视觉感染力,常经过油漆的包浆赋予成品枣红色,也是晋作古式家具制作的一种常用材料。

材料要素还应包括木材合理运用与干燥程度。俗有"春制家具,暑不做",就是说:春天做家具木料干燥,暑伏天制作的家具木材含水量大,缩水后卯鞘容易松动。

二、造型要素

造型要素实际是艺术设计的构成,家具造型与室内环境和大小尺度相联系,与生活适用相联系。就"做旧"而言,古家具风格的"元素符号"
包括很多方面,如家
具形状、用料、尺度、
技术要素与构图,各
种工具(机械)运用
与制作条件等。各个
雕刻题材,各个历史
时期,不同的地区匠
意法式与线形的装
饰变化运用等形成
了诸多的造型要素。

徽作　　　　　苏作

晋作　　　　　京作

三、规格要素

◆ 3-9 造型不同的手法与效果

　　家具随建筑同步发展,从席地而坐发展为高桌高凳,逐渐变化稳定为舒适美观。晋作明代桌椅一般常用尺度"尺八、二尺八",清代桌椅"尺七、二尺七",确定了桌面与凳面的距离,是传统的高低尺度。晋作家具桌子的"抽屉不超四寸",超过这个尺度就不美观了。四尺半长凳"腿斜不出凳面头",斜度过大也不美观。这是与建筑室内大小宽窄和行业经验约定俗成相关联的。如民间房屋按旧制五尺、七尺、九尺、一丈一尺等单数开间,家具的翘头案,旧制有四尺半、五尺、九尺、丈一等几种长度。家具是为室内装饰与使用服务的,规格要素必然和审美相联系。

四、模块要素

模块即模数。一是指线形的模块,浑面线、亚面线,俊角形式、插榫形式、罗锅腿形式、老虎腿、狮子腿形式等等;二是指凳、桌面的形状,门、屉的形状,装板、空挡大小、和顶帽、牙板尺度装饰、线形等变化形状,如"扁门不可用,方门不可取",柜门的高低宽窄必须基本符合受力状态和人们的习惯审美观念,即矩形;三是指雕刻图谱,夹带着历代传统文化家具的装饰题材。

◆ 3-10 明 香蕉腿大漆围床

模块要素怎样使用,是由工匠的艺术文化修养决定的,不是简单的组合,其中包括对称、均等、偏正、叉斜、渐变、线形、凹凸、构图配置、雕刻配形等等。这和家具造型要素与构图有密切的关系,和家具使用陈设的物品大小相联系,也是各师各法与工匠自身审美能力的重要体现。

五、精度要素

晋作古典家具工匠们讲究制作精度和配料的精度。"是匠不是匠,专比好作杖",杖,指工具。干什么活,用什么工具。建筑的凿刻工具大些,家具的凿刻工具适中,工艺品使用的工具精小。工具还需制作得精致漂亮,

◆ 3-11 山西明代槐木抽屉桌的三面俊角榫至今没有变化与松动

如果一个工匠连工具都制作和使用不好,那就谈不上是什么好的工匠。配料精度,材质的正反面合理选择变化,提高了人们对家具视角与触觉的感染力;木纹的顺畅与合理配料解决了木材的变异;榫卯的形式变化精度,创建了木构造型和木构结合的扎实程度;部件的精度、合缝的精度、胶合的精度,保证了家具产品的组装;净面精度、雕刻精度、齐整磨光、涂漆包浆等方面,完善了家具表象的艺术效果。

工匠制作工艺中,线是工艺的标准,是误差经验值。画线讲究"看线是木匠的眼",即眼力怎样。刨料讲究"顺茬刨",以及"净料"去戗茬。锯料讲究锯路与各种锯齿的角度,还有"割毛齿"的运用。凿刻讲究"月牙凿",以及榫卯的"一卯三打装"。组

晋
作
古
典
家
具

山西丁村博物馆藏，典型的
晋南建筑雕刻工艺手法。

◆ 3-12 晋作丁村地区的一种佛龛形式

装讲究"一看周正
二看面",好材料
与好工艺讲究"白
茬货"与"靠木
漆",货真价实。这
些标准是从制作
过程的开始,就已

◆ 3-13 用料粗阔 刮光工序细致

经开始衡量家具制作的工艺精度。

六、情感要素

人类生活的精神和艺术的需求,是情感的重要表现。人们
要得到居住条件的满足,使用家具的方便,首先感到的是家具
的实用性和美观大方。表现在家具要达到使用功能的架构美,
大小宽窄高度的尺度适中,和榫卯技艺结构的牢实,木质纹理
的顺畅,面和框架的平整,外观的光滑与舒适。制作家具的情
感从木工工匠制作的动机中来,大凡家具作品都具有一定的物
象美,这也是家具区别于其它生活用具的特殊性。选材用料、
结构方式、雕刻艺术、高低宽窄的选用尺度,一起形成了家具
的艺术美。家具精致典雅的结构美和舒展的艺术美,可以使人
们得到使用和美的欢悦。这种美是由制作工匠们的情感所产生
的,制作中"唱"出来的,或者是"喊"出来的,或者是从工艺方
面流露出来的特殊艺术情感。

在一件家具器物的制作过程中,工匠的情感也需要与从头
到尾延续的工艺相组合。就像画家画一幅画,从构图写生到色

彩的铺垫一气呵成。工匠的制作是在一步步工艺的情感中完成的,在缺乏情感的浮躁工艺制作中是不会有好的家具产生的。

　　总之,晋作古典家具的工艺要素需要进一步研究和丰富,这样便于人们更好地了解和鉴别古家具的工艺与文化。

晋作古典家具
下料特点

DISIZHANG

第四章

晋作古典家具的工匠制作工艺俗语讲究"三份下料七份做"。工匠们把经采伐的树木、各种树桩、树枝,从上到下、从左到右、从内到外的材质必须掌握得透彻,锯做木料合理利用,达到物尽其用。如果一个工匠制作中不懂下料,是做不出好家具的。如裁缝做衣服,既懂尺寸大小又懂布料和色彩运用,才能量体裁衣,缝制出漂亮的衣服。传统家具制作中的"下料"问题,是保证家具结构是否合理与材质运用是否变异的前提,这是制作家具的重要条件,也是最基础的条件。

一、"三份下料"工艺保证了家具用材的整体构思

晋作古典家具制作过程中,一个桌子、一把椅子或是一组柜子,整体与各部位用什么材质的木料好?厚薄木多少?家具的面、腿、枨、装板等上下前后的大小材料规格与数量是多少?家具细部的边、线、雕花、牙板等各部位选择的木料与数量是多少?只有全部把握,把握木材的材质变化和合理的使用状态才能做出合适的家具。

◆ 4-1 桌子霸王枨的下料制作

二、"三份下料"工艺重在确定用什么样树种的木材

晋作古典家具的木料，有珍贵木材、有高档木材、有一般木材。好的工匠一看到材料，就可以确定制作什么家具合理，制作什么家具价值高，制作什么家具料够，以及怎样制作家具。一是珍贵木料家具。重要的是材料稀缺，材质好、质量高、价值昂贵，家具多依着珍贵的家具品牌式样制作。如红木、紫檀木、花梨木、核桃木等。二是高档木料家具。其价值档次比较高，加工中多以同一种较好的木料制作，因为同种木质制作的家具，整体变异性小，木质的干缩状况也较均匀。如南方的柚木、樟木、榉木，北方地区的梨木、槐木、楸木、老榆木、椿木等。三是中档家具。一般讲究配料，这也是晋作家具的一大特征。材质好的硬木做腿框，软质的细

◆ 4-2　桌子圆腿与榫卯的下料制作

木做装板和雕花板，做成后框架结构卯鞘扎实，保证木器装板不变形。四是指一般的常用家具。日常使用的家具，木材树种不固定，材质的软硬不固定，只选纹理顺畅、美观，变异性小的木材。首先保证家具的腿料、面板、门料、牙板用材，其次正确区分家具各个部位的木板、框料的强度，只要适合制作卯鞘，结构合理就可以了。

三、"三份下料"工艺完善需用材料的各种形状

晋作古典家具制作过程中，完善使用材料的各种形状是综合性考虑的内容。一是每件家具的各部分长、宽、高的尺度，矩形或是扁圆还是圆形的木料，直的还是弯曲形状的木料要和选择木材数量尺度联系起来。要做到心中有数，归类下料，按材质下料、搭配下料。按着宽窄尺度，计划好需要长料有多少根；短料有多少根；面框和面板多少；装板和内帐多少；弯曲材料取材和雕花板细腻材质保证等等。各种用料要多锯长的，保证了长料的数量以后，再锯短料。对每一件家具的前后左右、上下里外的用料考虑一定要面面俱到。二是下料要细心，避免产

◆ 4-3 坐几腿榫头与壶门板的组合

◆ 4-4 翘头案雕刻运用好木材的材质例证

生差错。俗有"长木匠，短铁匠"之说。比如下料画线中，木匠如果锯短了木料，加长就难了，或是非常费力费工。而铁匠下料易短点，不易长，因短料容易煅打加长，长料费火费工。所以，晋作家具工匠在下料画线时，为了避免产生差错，有经验的师傅一般会多留下一块好的木板，或是多留一根长的木料，制作加工时如有失误即可调整使用。

四、"三份下料"工艺保证了分析运用好木材的材质

分析运用好木材的材质，一是要注意纹理是否顺直，木质是否粗细均匀，是否变形。必须区分清楚心材、中材、边材的部分。如圆木下料，中心板是径切板，径切板心材是否合理去除。

中心板两旁的木板俗称"二道皮"，这一部分木材基本是中材，有径切板，有弦切板。"二道皮"的径切板材质最好，多用作家具的主要部位。弦切板两边靠近边皮的木质部分是边材。边材俗称"边皮"，边材合理去除后，用作弦切板也是好材料。二是了解木材的干湿状况。工艺中习惯称为含水率，地区环境的差异决定了材质和木结构用料的变换状况。如华北家具到沿海地区木结构易涨紧，沿海地区家具到华北地区木结构易松动。

五、"三份下料"工艺要运用正确的画线符号和材料搭配

下料中一定要运用正确的画线符号和正确的材料搭配，这也是一种规范工艺的方法。一是画线符号的运用。下料中要正确使用画线符号，如果所画的线条产生错误，可以另外画一条线。并在新线上打"×"号。木匠传统工艺中这种"×"号，称为正确的符号。木工俗语有"十字为正"之说。"×"号运用在画线时，要求十字中间正好画在需要线的上面，越对正越好，不得离开线条很远。二是材料搭配问题。宽窄的搭配。如，柜橱腿净料 60×40 毫米，如宽度 60 毫米的一面要朝前面使用，俗称："看面"。框枨一般 40×（40~60）毫米范围，宽度 40 毫米为"看面"，朝前。但是这种配料方式粗笨，清代后期已有大多数柜橱开始窄面朝前，显得家具精巧。值得注意的是宽窄面需要哪个面做"看面"，是造型问题，但是配料宽窄要尽量保持统一的尺寸，便于统一下料，只是在画线时要根据结构的受力情况颠倒宽窄面的使用。好劣木料是按着木质搭配的，好的纹路和无节的木料，作为框料、板料用在前面，劣质的还能利用的木料用

在背面或是底部。前面和侧面用料一定要好面朝上,有缺陷的朝下。背面的用料,好面朝里用。这样,可以更好地保证木结构中卯鞘的牢实。

如面板框的下料,要从锯、刨、画线、颠倒材质纹理的每个工艺步骤中考虑木材的合理使用,才能使榫卯牢实,家具不变形,不走作。

六、"三份下料"工艺要解决好圆木下料的问题

制作家具要解决好圆木下料的问题,这也是多出材、出好材的基础。一是按着家具制作的工艺设计,手工下料或是机械下料,对圆木的形状、纹理、缺陷等进行合理的考虑。做到大材大用、小材小用、优材优用、次材利用。二是一定要看材画线,选材画线。并且要求质量,求效益。圆木画线一般为腹背画线。

首先取木材直的方向,放出中心线,根据木板需要的厚度,先放出中心板,依次按着厚度并排弹出每块板的墨线。三是矫正画线。有的圆木弯度太大,可先截出长短后再放线下料。有的圆木有裂纹、腐朽、偏心、节子、扭转纹、空洞等问题,要多方面观察注意,看材画好

◆ 4-5 合理下料的红木板的堆放

线，多出径切板，尽量把缺陷部分集中在一块木板上，不影响其它木板的质量，达到木材的合理利用。四是圆木的画线顺序。传统的放线是圆木上下两面弹墨线。首先把圆木两端放平稳，木料腹背用墨斗找出中心线，放出中心木板的线，厚板薄板根据用量依次弹出。然后，用墨斗吊垂线于两个端面，作为从上面引到下面的线。有条件的木工用建筑用的水平尺，也可以在两端面完成引线。五是反转圆木，按着端面画出的线，用吊垂线的方式把木料放平正。稳定木料后，同样的方法，先弹出中心板，依次放线。现在带锯加工可以不放线，但是放出中心线还是可以多出材。如圆木根部和梢部的粗细差别很大时，多采用沿圆木的轴心垂直画线的方法，能多出材，出好材。

七、"三份下料"工艺要解决好板材配料的问题

板材配料问题关系到基础划线方式与实质配料。一是板材下料画线方式要选其方正的直边棱和方正的端头作为基准，然后放线。如果方正的边材有一边直，依直边用尺子，量画好两端的宽度，用墨斗依次均匀地弹出墨线即可。有的板材边棱直，也可以用木折尺，左手拿尺子，拇指卡住尺度，右手拿铅笔笔尖卡到尺子顶端，顺板材直边拖拉画出平行直边的宽度线。如果板材有的弯曲，而家具用料是弯料，可先制作样板，依样板顺木纹的弯度画线。如果家具用直料，可根据用料的长短，先截断木板后再画线下料。二是面板的拼缝搭配问题。面板拼缝是选材配料中的一项重要内容。面板包括桌面板、凳面板、屉

面板、箱子板、柜门面的装板和侧面、后面的装板等。拼缝搭配是木板之间的粘胶拼缝，要达到制作精度就会有很好的效果，同样也是选材下料要求的前提。木工行俗语讲究："径切板面平直对，弦切板面颠倒对，箱板拼缝错开对，屉面板配置纹相对，雕花木板顺纹对"。三是选择板材时尽量选材质相近的木材配料。如，花梨木、紫檀木与乌木的材质有相近的方面；核桃木和核桃楸相近；核桃楸和楸木相近；色木和桦木相近；柞木和水曲柳相近；红松和青松与樟子松相近；椿木和槐木相近。相近的材质，其颜色、纹理、变异性有一定差别，但是差别不太大，在制作工艺和合理运用木材方面还是较为科学的。四是软硬木材的拼缝搭配问题。主要是观察木纹的顺直和弯曲。如弯曲的木纹，一般不拼成心材对心材的板缝，多是边材对边材，只是木纹比较顺直或略带弯曲，才出现心材对心材的状况。软硬木材的拼缝搭配，尽量同种木材相拼缝，材质软硬相近的木板相拼缝，颜色相近的木板相拼缝。五是缺陷木材的拼缝搭配问题。不影响受力有活节的框料可用于侧面和后背面。有弯度的板材，拼缝时要弯度交叉。这样加工平整后变形小。有弯度的框料，要对称使用，一旦卯鞘结合，可以拉直。弯度太大的木料可锯成短料使用。翘曲木板拼缝搭配要保证木板厚度够用，否则不要使用。带节的木板拼缝搭配，一定要把节子和缺陷放在靠边部分。这样使缺陷分散，不要集中在中间。又如，腿料下料时，必须要考虑好榫卯的位置，保证受力的状态。

晋作古典家具
雕刻艺术

第五章

晋作家具的木雕艺术渊源和山西自身的建筑木雕风格相联系,与中国四大名作家具相关联。

一、木雕是一种传统艺术文化

从理论上讲,文化是人类在社会历史发展过程中所创造的物质财富和精神财富的总和。木雕艺术是我国传统艺术雕塑文化的一种,它历史地形成了传统民间工艺的文化现象,其艺术文化作用和创造的经济价值已得到了社会与市场的广泛认可。

晋作古典木雕艺术形成了自己独特的文化特征。这与各地区传统木工行当的各种木

◆ 5-1　清　垂花门楼的垂柱式挂落
（晋作清代建筑木雕的雕刻风格）

结构造型技术有千丝万缕的联系。如建筑、家具、车船、盆桶、棺木、模型、乐器、佛像和艺术品等等雕刻行业。这里不作分类探讨,只是概括地联系其中的某些技术雕刻内容和形式加

◆ 5-2 清 山西工匠的一种雕刻手法

以说明用木材雕刻,也就是民间俗称木工"雕花匠"的雕刻方法与式样。

二、四大名作家具中的晋作家具雕刻

中国四大名作家具伴随着中国人民的不同生活习惯与地方风俗,带动了中国家具制作技术、艺术以及材质运用的产业发展。

中国的四大名作家具并不是形成于清代,从唐、宋、元时期就已不断形成, 它与古代建筑木工行业在社会生活中共同发展,脱离了行业技术的品评是不全面的。中国木工行业技术的四大帮派代表是北京帮、苏州帮、山西帮、徽州帮。家具的风格形成应该是"京作"、"晋作"、"苏作"、"徽作"四大名作家具。广作和上海的品牌家具应归类为两个地方性家具,因为受工业技术与出入口环境的历史生活影响,这两个地方家具较多交融着外来文化的家具符号。当然还有少数民族的特色家具与佛教家具等带有地域风俗的各种家具形态。

中国四大名作家具的雕刻艺术特点：

一是技术方面的特点，文化传承与口传身授带有各自的制作特点，历史上全国各地有很多的木工工匠从事家具制作。一般讲：农具行多变化而求扎实；家具行多规制而求新颖；漆器行多裱作而求装饰；雕花行多华丽而求祥瑞；建筑行多朴实而求大气；车船行多壮实而求实用。

各个行当的木工匠人都从事家具制作，主要是家具造型特点与技术手法有差异。传统木工家具行业发展的工艺侧重点不同，口传身授和师传承递存在差异，从事木工工匠们制作的家具各具行业特长，各有千秋。在一定程度上共同发展了古家具的制作工艺文化，并随之产生了千变万化的各种家具形式，丰富了各种木结构的形式和用料尺度。从另一方面而言，又多方面地促使家具行，或者制作厂家的家具在木工工艺规制方面更加规范。其制作形式、下料、画线、尺度、选材、结构、配料、装裱、漆饰、镶嵌等加工工艺和制作工艺的不断完善和深化，使传统的一些造型美、材质好，耐使用的家具在模仿和对比制作中流传下来。

二是明清家具品牌特点，"京作家具称一流，宫廷霸气独占有；苏作家具园林美，雕镂镶嵌多秀丽；晋作家具源宋元，京苏格调讲阔气；徽州家具纤细美，雕饰秉传南方味。"

京作家具含有京都人的脾气，有北方民间与皇室都城家具独特的魅力。包括北京周边地区的家具风格和宫殿木雕的雄宏气派。家具制作规范、协调，主要是以宫室文化家具为代表的京式家具样板和品牌。

明、清时期，北京的家具工厂、或是皇室都城家具，广集南北能工巧匠，集各地品牌制作之长，制造出不同等级、不同尺度、不同类型、不同形态、不同装饰纹样的家具。制作工艺自然一流，结构合理，镂空雕刻粗细兼施。日用品箱盒类家具精湛秀丽；坐卧类家具粗阔大气、雄宏豪华；宫殿都城类家具威严气派、材质高档，有的还常饰以金色。皇室的家具装饰题材丰富，常雕饰为龙凤图案，也集民间的富贵纹、卷草纹和吉祥图案，以及传说故事作为家具装饰题材，进行刻意雕作或是漆饰，形成京作家具雄宏威严、豪华气派和精湛秀丽的特征。

苏作家具含有苏州人顺水的脾气，园林的魅力。以苏州木工行业工匠帮派为代表，包括苏作、扬作等长江中下游周边地区制作的家具风格和园林雕刻。苏州地区的家具是以适合园林殿室的秀丽淳朴为特点的，又大量保存和传承着明代结构美、实用美、装饰美的民间艺术形式。清代家具精雕细刻、刚柔相济、层次穿插、繁饰镂空。雕花家具更是盛行，还以玉石、象牙、骨料、螺钿等作为镶嵌材料，以糅漆装饰家具的表面。制作出传统人物故事、花鸟山石、梅兰竹菊、吉庆长寿等图案。这是苏作家具精细与镶嵌秀美的一大特征。

晋作家具含有山西人的脾气，山的稳健和阔气。以山西木工行业工匠帮派为代表，是在悠久的历史生活中形成的，是伟大祖国文明史的见证。

山西现存的古建筑遍及全省各地，古建筑修葺的高级木雕

◆ 5-3 苏作画案

艺术工匠遍及各个乡村，家具文化受建筑环境与北京都城的影响，融苏州建筑与雕刻文化为一体。明末清初以后，"山西富商甲天下"。山西的官宦巨商、乡绅富户修建了大量的厅堂院舍和花园府第，山西近邻河北、北京，又有优越的煤炭和炼铁优势，加之与南方沿海苏广文化的交流，对家具的需求档次逐渐提高，造就了木工工匠集苏京两派之风进而发展了"阔气"的家具雕刻特征。

　　徽作家具含有原徽州周边地区南方风情的脾气，与海派文化交融，有多变而纤细的魅力。以历史上的徽州木工行业工匠帮派为代表，其家具技艺及材料运用隽永华丽，有历史上南方的人文气息。富商的家具制作有不竭的高档材料来源，讲究一件家具通用一种木材制作，打磨光滑后直接擦漆，使均匀的木纹显露，再上以素漆，引领家具潮流。这一地区的硬木家具作坊和雕花行业盛行，形成繁华纤细、坚立秀丽的风格。

◆ 5-4 清 晋作八宝雕刻花板翘头丈案

总之，晋作家具雕刻的工艺与环境文化在其发展历史中与各大名作家具存在着差异，随着文化生活的发展在大交融中提高了自己的工艺水平。家具的造型符号、雕刻符号、用料尺度与模块要素也随之变化，突出了自己的工艺特点。

徽作家具的雕刻

三、晋作家具的木雕与工具

晋作古典建筑木雕运用了中国传统古建筑木构架的塑造技术，形成了建筑造型制作与艺术雕刻装饰的方法与式样，特点是雄浑大气。好的作品总体形成了雕刻装饰的结构化、线形配给的规范化和纹图形式的情理化。

晋作家具木雕运用了中国传统古典家具的造型构成与艺术雕刻装饰技术。相对特点是精

◆ 5-5 徽作家具

诚细腻。总体形成了晋作家具结构的线形化、图纹化、故事化。

晋作工艺品雕刻运用于人物、器物与微雕，无论传统的与现代的，相对特点是动态之中不失稳重之美。体现了雕刻表象的圆滑丰满，立体感鲜活，珍贵材质充满触感与活力，刀工精细叫绝。

皇室宫廷的一些古典家具，大而霸气，突出威严与顶极的雕刻艺术风格。而晋作传统民间古典家具，山西俗话讲"阔气"，表现着和谐祥瑞与实用精细的传统雕刻艺术美。

晋作木雕制作工具

◆ 5-6 宋代人物雕像

要按适宜而制作或是购买。建筑构件雕刻工具配置较为粗大，坚实耐用；家具雕刻配置工具较为适中；艺术物品雕刻工具小巧精制。这样才能达到干什么活用什么工具，促进雕刻艺术制作到位。晋作木雕源于建筑雕刻的艺术，故而工具的雕刀配置宽阔，在家具雕刻中显得粗阔、大气、丰满。南方木雕源于刻板雕刻技术，相对工具雕刀配置较小，在家具图纹雕刻中显得细腻秀气。

工欲善其事，必先利其器。晋作木雕艺术属于北方雕工，含

有京苏艺术风格,与南方木雕既存在各自的特点,又在自然交流中共同发展。在艺术品雕刻中各有千秋,家具雕刻中互相融入建筑雕饰,又融入不同风俗。

人们对晋作家具木雕艺术的认识和挖掘研究一直在发展和深化,这一工艺现阶段大量地运用于传统建筑修缮和红木家具制作之中。山西工匠现已开始在北京创办红木家具厂,核桃木家具商店,平遥漆器商店等,致力于民间工艺品开发,其中黑陶雕刻工艺等雕刻艺术已经把商品销售海外。

◆ 5-7 晋作木雕的工具

◆ 5-8 嵌黄杨木雕刻花板

第五章　·晋作古典家具雕刻艺术·

◆ 5-9 晋作家具的雕刻特征

晋
作
古
典
家
具

◆ 5-10 晋作家具的雕刻特征

晋作 核桃木
古典家具

第六章

核桃木历来就是一种比较稀缺的木料,历史上是"晋作民间家具"的一种上好木材,故核桃木家具民间又叫假花梨家具。随着生态环境的改变,核桃树木已成为经济林,是不允许砍伐的。所以,这种木材越发稀缺珍贵。

晋作核桃木家具的材质特点:木材的轻重适度,软硬适中,木质纤维匀称细腻,其强度可以满足家具的榫卯受力,变异性较小。

这种木质的家具如果工匠制作精细,就会很贵重,是极具收藏价值的名贵家具。明代晋商的核桃木家具很多,各种样式从多方面表现出了核桃木的木质美,庄重和丰满的艺术美。从形式、结构、材质、线型或雕饰工艺等艺术形式表现方面,有其优越的材质特点。因为这种家具多为精品,所以会被人们在日常使用中一直保留下来。

核桃木心材、中材、边材区别不大,呈浅黑褐色,木质中硬,又有油亮的光泽,制作的家具给人以柔亮、自然、丰满的感觉。北京故宫博物院,晋中曹家大院"三多堂",祁县乔家大院就存有不少核桃木家具。

核桃木有人叫假花梨木,也是有一定道理的。因为核桃木木质好,核桃木的木质和花梨木的纹理有相近的地方,木材的径切板、弦切板纹理相近,特别是上色或是涂油后,纹理更加自然丰满,不容易轻易分辨。

核桃木适宜家具的制作和雕刻。这种家具的材色很匀称,其木质的管空也含深色沉积物树胶,有油脂。明清时期,北方制作核桃木家具非常盛行,上色时先擦油或擦蜡,使家具的木材纹理和光泽能和花梨木一样,给人以庄重和丰满的自然感觉。民间的商贾富豪、佛教殿堂庙宇、高官宫廷中都有制作。

核桃木木质中等,比花梨木的重量轻得多,但是强度高,质细而匀称,木结构中不但适合榫卯交接,而且又善于雕花刻饰,适合于各种家具类型的制作。核桃木制作的家具就是不涂色,久置后也会变为深褐色。明清两代核桃木家具很多,其各种样式表现出核桃木的木质美,庄重和沉稳的价值美。

核桃木材质家具的结构强度高。一是家具腿和桌面角的结合处,采用束腰直榫和二面俊角榫,结构非常严谨;少量采用腿面、桌面和侧面的三面俊角结构,而且这种结构核桃木的纹理非常顺畅,非常适合刨光,不戗茬;再有腿足处较少带拖泥的家具结构,或是腿足处以直腿下横拉枨、装牙板等结构。二是家具的腿和枨浑面的、亚面的插肩结构,横竖腿枨的各种起

技术要素：清时衡器房的"镟的光"（俗语），解决了好木材实用造型艺术的一种家具器物。圆削半榫结构牢实，达到艺术造型的精致优雅。

◆ 6-1　清　核桃木挂衣架

线（腿枨边缘的 4 分、5 分、7 分圆凹线条）这种木质所能达到的丰满柔韧的效果，是独一无二的。

　　核桃木在历史上多制作好的家具，再对抽屉面、椅子的靠背、床栏的围板加以雕饰，使这种材质的家具品牌更负盛名。

技术要素：短木利用造型好，以圆构思线型巧。镂空锯掏工艺精，形状虽小做工妙。

◆ 6-2　明　核桃木书卷座

晋
作
古
典
家
具

技术要素:清式起线与框边,池板凸起卷草
嵌,坡板镂空作变换,胆瓶座舒展靠两边。

◆ 6-3 清 核桃木座屏

技术要素：牌位盒以传统雕刻五福捧寿与灵芝云构图，硬鼓回纹略粗阔，造型舒展材质好。

◆ 6-4 清　核桃木神主龛（平定）

技术要素:靠背的硬鼓拐子榫卯结构严丝合缝,椅子尺度配给合理,用料尺度恰到好处,形成了空白与实木的镂空立体透视。

◆ 6-5 明　核桃木硬鼓纹高背椅（平遥）

技术要素:四平八稳方圆线,
弯曲靠背有动感,龙头牙花
硬鼓纹,苗条舒展更简单。

◆ 6-6 核桃木赤虎头灯挂椅

技术要素:圆摆圆线线套
线,方连方框框形方。腿
料起线上柱圆,壶门圆枨
做插肩。靠背雕刻构图
好,两边双线孔斜角。工
料卯鞘好功夫,动感厚重
有深度(艺术感)。

◆ 6-7 清 核桃木玫瑰椅

技术要素：宝瓶靠背似座灯，两边拐子靠卯榫。扶手拉接不宜损，罗锅腿座粗实稳。县衙商户专拥有，阔似京城大臣用。

俗称"半哑子"工匠的做工。靠背造型利用草纹拐子半回纹的对称形式（木行叫"半花芽子"做工），把靠背的榫卯结构制作的坚实牢固，造型优美，稳重大方。

◆ 6-8 清　核桃木草纹拐子太师椅

晉作古典家具

技术要素:晋作家具雕刻风格的典型作品,丰满优雅。圆弧制作工艺形成的张力与柔韧力,使桌凳显得亮丽,壶门牙板的火镰纹连续图案雕刻形成了舒畅柔和的典型线性装饰。

◆ 6-9 清 核桃木圆桌与圆凳

技术要素:膨牙鼓腿雕豪华,面小鼓弯最大化,料大腿弯榫难做,托泥稳固受力匀。方腿如意配回纹,膨牙花板卷草纹。

◆ 6-10 清 核桃木硬股纹带托泥半桌

技术要素：桌面无变形，工艺的平展，束腰鱼门空的留白，罗锅枨的稳重，虽然牙板落罩雕刻粗阔，但不失为一件集苏州雕风与晋作工艺于一体的好作品。

◆ 6-11　清　核桃木雕花桌子与座几

晋
作
古
典
家
具

技术要素：七分起线寸平线，牙板俏头三寸
嵌。浑面亚面线协调，雕刻配料技艺高。

◆ 6-12 清 核桃木翘头案

◆ 6-13 翘头案几的卡头牙板
与腿挡花板

技术要素:选料长阔、翘头舒适、落罩式雕刻镂空剔透,八宝图案与刀工的线型艺术相结合,给人以阔中见细的匠作工艺精品。

◆ 6-14　清　核桃木八宝雕刻翘头案

技术要素:丈一案长独板面,面腿边沿全起线。俏头飘逸托泥雕,古建符号运用妙。建筑彩绘家具用,工料合理样稀少。

◆ 6-15　核桃木福寿雕花翘头案

技术要素:腿阔面阔帐料好,俏头略小榫卯牢。卡头双榫做工到,虽无托泥雕刻好。

◆ 6-16　清　核桃木七分线翘头案

晋
作
古
典
家
具

技术要素:五尺被几尺五高,尺二宽度箱榫
牢。前面起线雕装板,硬股纹饰雕刻好。

◆ 6-17 核桃楸雕刻被几

技术要素:座柜舒展线形好,门面
齐整浅浮雕,中间挂落透雕形,抽
屉三个尺度巧。博古架造型合理
好,三柜分割受力妙。下边围栏上
挂落,透雕做工亦稀少。

◆ 6-18 清　核桃木博古架

技术要素:起线刚劲浅浮雕,玉璧寿喜回
纹好,圆线围板呈大气,粗腿罗锅配束腰。

◆ 6-19 清　核桃木罗汉床

技术要素：京派的弯
腿苏派的楗，起线用
料晋派的功，挂牙屉
板配置匀，只是垂柱
细叟形。六柱圆形很
舒展，围栏脯背攒尖
榫。虽然造型欠缺些，
同是一件好作品。

◆ 6-20 清　核桃木架子床

技术要素：集建筑、家具、
雕刻结构工艺为一体的
一种高难度制作手法。建
筑的座斗插飞立卧栏、柱
橡灵芝云头，挂落、挂牙
雕刻应有尽有，须弥座的
装饰、瓦楞滴水、插板门
的配置，工艺绝妙。

◆ 6-21 清　核桃木雕
刻神柱龛

晋
作
古
典
家
具

技术要素:九尺案子三尺七高,起线造型用料好。
卡头榫牙板大而阔,腿框厢式雕刻好。

◆ 6-22 清　核桃木翘头案

技术要素:镜框内边起
双线,胆瓶座坡板少雕
作,细雕池板做装饰,
卯鞘扎实型舒展。

◆ 6-23 清　核桃木镜屏

技术要素：罗锅马蹄费工时，俊角榫卯更严实。
束腰花板线型好，触感丰满色深沉。

◆ 6-24　清　核桃木罗锅马蹄腿桌子

晋
作
古
典
家
具

◆ 6-25 清　核桃木雕花搭脑椅

◆ 6-26 清　核桃木玫瑰椅

晋作 柳木
古典家具

DIQIZHANG

第七章

　　明清时期就有"北柳南樟"之说，指的就是北方柳木制作的木箱家具。北方的柳木木质近似于南方的樟木，弹性好，柳木箱子如有小的磕碰痕迹，经水的湿润后可以复原。

　　柳木又有"南竹北柳"之称意思是南方做家具用竹子弯曲制作躺椅和小凳子等，北方用柳木也可按竹子制作家具的形状做圈椅，似竹子的弯曲状态，可见柳木家具在明清前已普遍使用。柳木也适宜制作好的木箱和"描金柜"家具。

　　柳木有十几种，常见的柳树为落叶乔木或灌木，叶子狭长。柳树的木质柔中带刚，也是中软性的木料。刚砍伐的潮湿柳木，锯材的木板有臭气，俗云："干榆湿柳，木工见了就走"。这是说干榆木硬，不好刨削；湿柳木柔韧，木工费工，不好锯制板材。

　　柳木的心材、中材、边材的木质纹理有差别，但颜色差别不大。好的木质纹理匀称，适合制作木箱也适宜雕刻。柳木木板加温宜弯曲。北方的"柳木圈椅"制作中，靠背和扶手圈，选长度一般为 3700 毫米左右、粗 70 毫米左右的幼树或是幼枝，在树木生长中逐渐压弯，取材后用水煮或是用温火烤制，调制成有规则的圈型。农具中种谷子的"耧"，七斜八排，工艺特别讲究。其中的"纽丝框"，只能用柳木弯曲制作。其中的耧斗也选柳木，山西的盆桶也多选用柳木制作。

清时期的"描金柜"、"彩漆柜"，是名扬海内外的晋作民间家具，其制作首选柳木，"描金柜"制作中大量地使用柳木。"描金柜"的油漆裱糊是一种高超的工艺，可以保证柜子使用上百年。木工加工只重形状的齐整牢实，略求光洁。民间留有大量加工制作的传说。如"倒拔皮"说，柳木砍伐，先锯枝，树桩不伐倒就锯拉木板，木板锯开后才从根部伐倒。又如"割毛齿"说，柳木因木质柔韧，锯木板时纤维毛状物太多，木工修锯拔料要锉出"割毛齿"，拉锯才能省力。柳木也是制作硬木家具的好材料。

"椿槐铺柜柳木椅"，是山西窑洞人家早期家具的基本形式。铺柜是早期晋商店铺的实用家具，也叫商铺拦柜，可以起到像现在商店柜台的拦截和储存作用，并且柜内还有抽屉可以储存钱物。圈椅是早期华北地区最早最好的一种椅子造型，南方利用竹子穿插捆绑制作椅子，北方利用柳木可以弯曲的木材性质加工制作适合北方环境的柳木圈椅，在民间传统习惯上常称为"太师椅"。

笔者收存有一件明代早期的柳木圈椅部件，经维修后其样式如图 7-1。圈椅的尺度：座面高 470 毫米，座面宽 550 毫米，

技术要素:柳木的靠背圆弧自然弯曲成对制作,工艺较难,坐腿采取竹子工艺方式,形成腿包枨的结构,更是可贵。现已成稀缺家具。

◆ 7-1 明 柳木圈椅

度扶手高 260 毫米,椅圈腿背通高 820 毫米。这件柳木圈椅采取的制作形式和竹子制作椅子的形状是同一种原理,利用柳木柔软的材质,采用弯曲木材的方法,可以把椅子的横枨包镶起来,和柱子椅子的技法相同。

为什么说这件柳木圈椅是山西明代早期的作品?理由如下:

1.椅子基本符合宋元时期的尺度。

2.椅子的样式符合山西宋元时期的风格特征。

3.椅子弯曲部位用的是铁包角和扒钉(维修时已去掉扒钉),可能是后来家具主人为了保证家具的牢实加上去的。

4.靠背 S 板为直板横向略带圆弧的弯曲形式,清代很少见。因维修时部件丢失,为了符合原榫卯结构两边加 18 毫米的镶条,仍不失原造型的美观。

5.比较特别的地方是榫卯的形式,榫卯不是直榫,而是一种攒肩榫,俗称"枣核榫"。榫眼进口 3 分宽,出口 1.5 分宽,并钻眼 5 毫米左右用木销固定,说明是早期凿子的一种形式。

6.用料更是特别。正面和侧面拉枨全部都用木材的边皮,而边皮的材质不太直顺,随即弯曲并砍削取势无刨削的痕迹,全部是用斧砍削出的"刀"法,榫头不是锯出的,无榫肩。像是一下砍出来的造型,形状很美。

总之,这种柳木圈椅的榫卯木结构制作合理,有别于其他圈椅结构,能够留存到现在,已是一件不可多得的佳品。

技术要素:看似简洁,其实盘沿的斜度与起线坡度形成了不规则的形状,加上扎实的俊角结构与平整不开裂的装板工艺,制作难度较大。

◆ 7-2 清 柳木盘具

技术要素:该桌子桌边框浑面线形丰满厚重,束腰雕花花边与壶门牙板的宝相花寓意协调,大弯度的老虎腿动感大气,托泥腿脚下边原来应是260毫米的柜式底座。这是件上好的工艺作品,一般在祠堂作为供桌使用。采用质量优良柔韧的柳木材质,雕刻与木工做工工艺到位。

◆ 7-3 清 柳木雕花方供桌(王福永藏)

◆ 7-4 柳木供桌的老虎腿形状

红白喜事放置盘菜,供装抬之用,旧时"抬石酪",或担食盒用此物。

◆ 7-5 明 柳木食盒

技术要素:描金漆器最怕厨烟熏,年久容易产生漆皱与脱漆现
象。装饰裱糊图案多表现为花草式或是戏剧故事及风景图案。

◆ 7-6 清　柳木书箱

技术要素:三尺箱子尺八高,尺六宽度燕尾卯。板厚只有三分厚,鳔胶裱糊描金
好。箱体周正无变形,祥瑞描绘图细精。虽说描金年久退,什件完好无丢损。

◆ 7-7 清　柳木衣箱

技术要素:利用柳木的弯曲特性,以制作蒸笼与箩架的结构工艺,制作出圆形式的帽盒。是华北地区民间常用的一种家具形式。

描金分为金驼色与银驼色。金驼色略发红,银驼色略发黄。

◆ 7-8 清 柳木帽盒

技术要素:尺半坐箱三寸座,八分板厚平展阔。五七单数做箱榫,尺六厚度未变形。坐箱也做储藏柜,漆饰铜饰保存好。

◆ 7-9 清 柳木座箱

晋
作
古
典
家
具

技术要素:透雕春牛望月图,
　　　池板浮雕坡板镂。
　　　胆瓶座随硬鼓纹,
　　　反面做镜正雕屏。

◆ 7-10　清　柳木座镜

技术要素:硬股纹饰配起线,几案平整线刻
　　　巧。一般木材利用好,传统工艺效果妙。

◆ 7-11　清　柳木福寿铺背雕刻几案

技术要素：鼓腔用硬木纹顺的材质共振效果好，柳木与椴木适宜鼓架雕刻，其结构合理，造型独特，漆饰工艺提升了这幅鼓架的艺术效果。

◆ 7-13　清　椿木鼓腔、柳木鼓架

技术要素：灯杆圆直灯盘巧，
　　　　　底座稳固造型好，
　　　　　盘下挂牙座上插，
　　　　　十字底座也雕刻。

◆ 7-12　清　柳木灯座

技术要素：柳木柔韧也善雕，工艺到位造型妙。
　　　　　桌墩抽屉与牙板，配给尺度恰到好。
　　　　　虽然木轻有欠佳，匠意做工较稀少。

◆ 7-14　清　柳木供桌

第七章　·　晋作柳木古典家具　·

晉
作
古
典
家
具

技术要素:材料顺溜工完善,造型圆线形舒展。
虽然材质似轻便,样式大气榫卯严。

◆ 7-15 清 柳木圆腿帐桌子

技术要素:二尺八腿高二寸八宽,尺六的托泥上花板。
丈一的案长尺六面,檐边坡棱七分线。
两个翘头分两边,赤虎头云纹雕牙板。

◆ 7-16 清 柳木翘头案

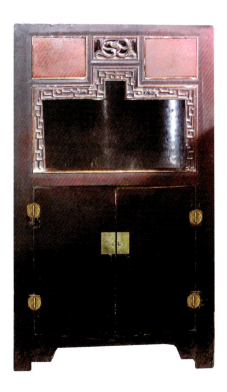

技术要素："主家由心变、匠人挣工钱"，按照主家的需求，合理用材，制作适用于符合个人储物习惯与供奉佛像的专用柜橱。

◆ 7-17 清 柳木专用橱柜

第七章 · 晋作柳木古典家具 ·

技术要素：柳木制作的柜子平整阔气，大漆枣红色是常见的一种漆饰，配以凸面铜饰，更加显得有张力。

◆ 7-18 柳木大漆书柜

晋
作
古
典
家
具

技术要素：木料材质好，不走作变
形。柜面平展，腿枨尺度用料规范，
榫卯牢靠。金驼漆饰表象完好。

◆ 7-19 清　柳木描金书柜（平定）

庙宇中用于抬神佛求雨的神架。山西雕刻特征之一。

◆ 7-20 清 柳木神架（阳泉）

技术要素：寸二圆线框腿枨，
　　　　　俊角插肩保厚重，
　　　　　门面平整铜什件，
　　　　　大漆使用二八红。
　　　　　一件柜子多幅画，
　　　　　银驼色彩多变化，
　　　　　上画风景与楼阁，
　　　　　下门博古显豪华。

◆ 7-21 清 柳木银驼描金
　　 柜（平遥）

晋
作
古
典
家
具

技术要素:六寸凳面尺六高,牙板卷云形状好。
　　　　　凳面坡线圆腿做,双枨双榫卡头卯。

◆ 7-22 清　柳木长凳

技术要素:两面六腿菱形套,
　　　　　束腰托泥都带着。
　　　　　起线牙花马蹄雕,
　　　　　结构牢实榫卯好。

◆ 7-23 清　柳木花几架

晋作 榆木
古典家具
DIBAZHANG

第八章

　　榆木种类有十几种,春榆、裂叶榆、青榆、黄榆、白榆、东北榆、大叶榆、榔榆(红鸡油)、山榆、红榆、榆树等,材质各有千秋。就东北地区的榆木就有好几个种类,总体木质多中硬,纹理粗阔,容易加工。山西、北京等地区的榆树,只有榆木和山榆木之分,但山榆木材质大多不好。榆木木质紧密,硬重质柔,只有干燥得当,方可成为家具制作的较好材料。俗称"南榉北榆",北榆指的就是山西、河北等地区的榆木。

　　黄榆,东北等地产。湿木容重参考值约 660kg/㎥,木质比青榆变异性小,纹理细匀,木质是黄褐色。采伐后的树木适宜家具装饰用材、胶合板、车船器械、工业用材等。

　　白榆,古名枌榆。古孙炎:"榆白者名枌。"常作重屋的梁。《文名》选晋左太冲(思)《魏都赋》:"枌橑复结,乐栌叠施。"白榆安徽产,湿木容重参考值约 767kg/㎥。山西、河北、东北、山东、江苏等地也有。树皮灰褐色,裂沟浅,内皮柔韧,边材窄,中材暗紫灰色,心材黄色,纹理美观直顺,结构粗,易开裂。木材多用于家具、车辆、农具、包装材料。

东北榆,树皮灰褐,沟浅开裂,内皮浅黄红色。采伐后的树木,木质边材暗黄,中材灰黄褐,心材硬亮。木质纹理粗直,花纹美观,木质重绵,锯切版面呈毛状,刨削后光亮,油漆后近似水曲柳,但不如水曲柳的纹理阴柔。多用于建筑、车辆、胶合板及,家具器物制作。

砂榆,一种东北产的榆木。木质轻细,材质疏松,材面柔韧易雕刻。质细利刀,纹理美观,常用于家具装心板与雕刻木板。

榆树,山西、河北多产。采伐后的树木,湿木容重参考值约810kg/m³。落叶乔木,开小花,翅果叫榆钱,皮磨细后筛面,用水调和成香剂,粘性好。就湿捣烂成糊状物,可作为粘接瓦石的浆料。其木材可供建筑和器物用。

晋京地区现存的榆木大竖柜、大铺柜、榆木大桌、官帽椅、供桌、方凳、长凳等,以明清时期制作的居多。明清以后,由于木质硬,东北木材来料广泛,所以这类木料制作的家具显得较多。"干榆湿柳,木工见了就走",说明工匠们在榆木的加工中嫌费工费力,故而较少制作。

技术要素：翘头结构讲平展，表象包装旧迹含，工艺似简怀旧感，配料榫卯牢实严。

◆ 8-1　明　榆木小书桌

技术要素：选择板式榫卯的俊角结构，装饰建筑落罩式浮雕花板，把几案的技术与稳重造型浓缩于历史的沧桑符号之中。

◆ 8-2　清　榆木雕花炕几

晋
作
古
典
家
具

技术要素:该椅子由三个框架
与两根扶手穿插拉接而成,腿
枨似方似圆,整个造型阔气而
简练,灵活而秀巧,加上靠背
的文字创意雕刻与曲线工艺,
形成了厚重的家具文化,是晋
作家具不可多得的精品。

◆ 8-3 明　榆木休闲交椅（王福永藏）

技术要素：柜盖平
整材质好，边框齐
整俊角牢，装心板
面内穿带，饰件稀
缺表象妙。

◆ 8-4 清　榆木铺柜盖与铜销饰件

技术要素:凳面简洁平整俏,用料减少线型好。
凳子圆线造型巧,结构合理雕作好。

◆ 8-5 明 榆木凳子

技术要素:尺二凳面六寸宽,分半叉斜寸二面。
凳腿八叉大出头,凳面剔蹄靠凹度。
挂芽望板牙花饰,腿枨起线榫牢实。

◆ 8-6 清 榆木打蹄凳(用于钉蹄行的马蹄凳)

晋
作
古
典
家
具

技术要素:搭脑用料
大方，圆榫结构牢
实，皮线条卷草花，
整体尺度阔气，靠背
以曲平侧弯,正视构
图看似平直。

◆ 8-7 清 榆木达脑椅

搭脑的形态

侧面线型与雕花

正面壶门与腿的线型与雕花

◆ 8-8 清 榆木达脑椅的局部形态

技术要素：束腰线型略为宽，壶门坡板欠
舒展，传统造型做通榫，大漆涂饰俊角严。

◆ 8-9　清　榆木大漆罗锅枨方凳

技术要素：榫卯工艺制作难，寿纹雕刻也舒
展，壶门牙板未雕花，坐面起线也规范。

◆ 8-10　清　榆木寿椅

第八章 · 晋作榆木古典家具 ·

技术要素：圆形腿框费工料，圆弯穿插结构牢。
尺度比例很合理，卯鞘制作也微妙。
背靠牙板点缀巧，肃穆大方美线条。

◆ 8-11 明　榆木官帽椅

技术要素：裹腿高桌卡头榫，圆桌腿枨结构精。桌檐坡线俊角榫，装心板阔刮平整。
罗汉椅不是原配套，搭脑收势有欠缺。高低尺度较合理，榫卯牙花也扎实。

◆ 8-12 明　裹腿高桌、罗汉椅

技术要素:三尺座面尺九深,尺八坐高七九靠,圆线座靠构思巧,宽大厚重气派好。束腰牙板线协调,罗锅腿拉枨粗方料。

◆ 8-13 清　榆木宝座

技术要素：用料略薄俊角严，锯刨工到刮光展，硬鼓色垫罗锅枨，造型协调质艺精。

◆ 8-14　清　榆木色垫高桌（李文元藏）

技术要素:木材质好面平整,线型规范榫卯严。抽屉比例恰好处,四面八仙配图妙。

◆ 8-15 清 榆木八仙桌

晋
作
古
典
家
具

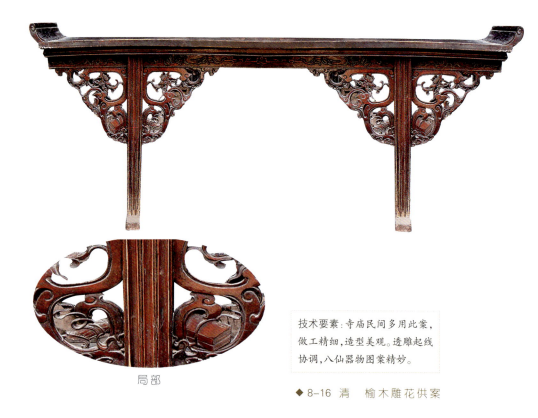

局部

技术要素:寺庙民间多用此案,
做工精细,造型美观。透雕起线
协调,八仙器物图案精妙。

◆ 8-16 清 榆木雕花供案

晋作 槐木
古典家具

DIJIUZHANG

第九章

　　槐木，一般多生长在北方，现在槐树是风景树，很少砍伐，木料稀少。槐木适合于加工制作凳、桌、柜类等家具。

　　槐木有青槐木和老槐木之分。生长二十年左右的槐树，砍伐后一般称为青槐木。青槐木的木质中硬，强度适中，木料纹理匀称。木材颜色微黄，心材、中材、边材、色差不大。生长上百年的槐树，砍伐后一般称为老槐木。老槐木的木质坚硬，年轮明显，纹理直顺，粗阔而匀称。木材颜色灰红褐色，心材、中材、边材色差较大。

　　还有一类特殊的木料，叫槐孙。槐孙是青槐成材砍伐后，又从原树根桩上又生长成材的槐树。这类槐孙，木料中软质脆，木纹匀称，木材呈黑红褐色。心材、中材、边材色差很小。因质脆，不适合做框架榫卯。但是，制作桌面板、柜面板，却一定是好材料。槐孙也可以制作木箱。

　　明清时期，晋作民间家具中用槐木制作的椅桌相当普及，存藏量很大。其木质硬而匀，能保证家具框架结构榫卯的牢实,非常耐用。北方明代还有用槐木制作的竖柜、铺柜、座几、桌子、凳子。雕饰方面以起线为主,也有个别的在牙板处略加雕刻。北方民间用槐木做门框、门板、古建的斗拱等,也用于建筑材料。

槐孙是指砍伐槐树后再生的树木,俗云:"千年松,万年的柏,不如老槐歇一歇。"意思是槐树的再生能力很强,老槐树枯死或是砍伐后,树桩或是树根部分,只要有一部分树皮存在,又可以存活,说明槐树的寿命很长。槐木材质好而纹理粗犷,比榆木家具制作的器物要多。但槐孙木质匀称质脆,有些木质颜色可变成紫褐色,故槐孙也适宜板式结构与雕刻,但是不适宜做榫卯结构。

技术要素:四尺半长凳面六寸,寸二凳面腿圆形。腿斜不出凳面头,腿叉九寸枨搁凳。

◆ 9-1 清　槐木长凳

技术要素:青槐质柔也可雕,
　　　图案粗阔刀工好。
　　　少选老槐木纹粗,
　　　榫卯牢实线型好。
　　　虽然费工难度大,
　　　同是一个好几架。

◆ 9-2 清　槐木几架

技术要素:似俏非巧成粗阔。各师各法也有妙,
　　　壶门腿座虽规范,扶手背框欠艺到。

◆ 9-3 明　槐木椅子

技术要素:桌面边料宽阔选,装心板更用料严。
　　　　　罗锅枨随牙板做。圆腿包脚榫卯倩。

◆ 9-3 明 （慎竹堂）槐木高桌家具

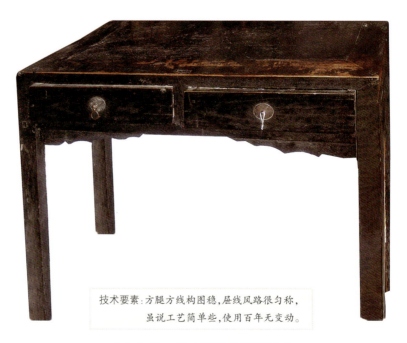

技术要素:方腿方线构图稳,屈线风路很匀称,
　　　　　虽说工艺简单些,使用百年无变动。

◆ 9-4 明 槐木商号会计两屉桌

技术要素:木斜宽阔选料好,俊角榫卯实牢
靠,装心板平展未走作,两面抽屉缝路小。

◆ 9-5 明　槐木方桌

技术要素:丈一供桌二尺八高,尺六桌面棱角俏。
草云纹牙板卡腿框,腿挡采用花板镶。

◆ 9-6 清　槐木雕花供桌

技术要素：书桌配料做工俏，严丝合缝榫
卯好。平展工艺精刨巧，构思精巧比例妙。

◆ 9-7　明　槐木小书桌（路玉章藏）

技术要素：三分起线俊角榫，工艺平展样周正。
选配木料纹理顺，做工质量最为精。
铺柜木盖结构好，什件铜艺又一精。

◆ 9-8　清　槐木铺柜

技术要素：明式框腿槐木料，清式牙板做透雕，
　　　　　腿高座大为防潮，用料宽阔为牢靠。
　　　　　早期做工无合页，框肩转柱运用巧。
　　　　　描绘银驼一九红，亭台楼阁人物影。

◆9-9 明　红漆描金柜

技术要素:槐木墙柜似书柜,
　　　　用料宽阔镶墙里。
　　　　大漆罩面铜饰件,
　　　　内有暗柜上搁被。

◆ 9-10　清　槐木墙柜

技术要素:似俏非巧成粗圆,各种各法也有妙。
　　　　壶门腿座虽规范,扶手背框欠艺到。

◆ 9-11　清　槐木直背椅

技术要素:槐木衣架也雕作,格放单衣,上
搭袄。腿桄俊角榫卯连,壶门阔雕自然好。

◆9-12　清　槐木衣架(阳泉)

晋作古典家具

晋做作家具往往两个桌子成对制作，清代木工工艺的线形艺术非常讲究，桌面线型束腰、壶门牙花板与马蹄腿的线形雕刻保证制作的协调与舒展大气，榫卯结构合理牢实，桌子多年使用不会变形。该桌子用槐木制作，与老榆木家具价值等同。

◆ 9-13 清 槐木如意半桌

晋作 樟木
古典家具
DISHIZHANG

第十章

　　樟木，常绿乔木，木材纹理很细，有香气，可做衣箱，可雕刻，樟脑可制药。樟木产于我国江西南昌和桂林等地区，可成大树。

　　南、北方民间常用于制作柜子和箱式家具，防止衣物或书画年久虫蛀。樟木的心材、中材区别不太明显，心材、中材略带红褐，边材较窄，材色灰白。樟木木料有樟脑的香气，存放毛质的衣料可以防虫、防蛀。樟木木质软硬适中，纹理匀称，具有榫卯结构牢实的特征，再加之好的工艺，家具的档次就非常高。

　　樟木木纹舒展美丽，有似桐木的材质肌理，但木质比桐木硬，纹理柔细，强度大。樟木有紫樟、香樟、花梨樟、猴樟、鬼脸樟、大叶樟、小叶樟等。

　　紫樟木质纹理细，有香气，边材浅黄褐色，中材黄褐色，心材红褐色。木质适中，可做衣箱和一般家具，且适于雕刻工艺品。

　　香樟木质有带状花纹，纹细，香气浓，樟脑味大，心、中、边

材木质区分不明显,质细,易加工,不易变形,是家具、衣箱、贴面材、雕刻工艺品的好木料。

猴樟枝叶绿,根皮可药用。采伐后的树木,木质似紫灰褐色,也常用于制作家具。

大叶樟产于我国江西南昌和桂林等地区,可成大树,湿木容重参考值约 672kg/m³。树皮黄褐带暗灰色,边材、中材灰褐色,区别不太明显,心材灰红褐色。材质纹理交错细绵,适宜加工。

小叶樟木质略比大叶樟柔韧,木质紧密。木材同样用于建筑、家具、船舶、雕刻等。

技术要素:尺六宽二尺八高,
　　　　抽屉未超四寸好,
　　　　腿枨周正牙板巧,
　　　　俊角榫卯饰件好。

◆ 10-1 明　樟木几桌

技术要素:这种柜子起线与
插角榫卯结构要求严格。上
端缩小柜门,下端不开门,
从柜门内部为下端做柜盖,
方便于存物,隐蔽性好。

◆ 10-2 清 樟木便藏柜

技术要素:半桌也叫半贺几,常两个对合一起形
成对桌,也可分开放置,工料颇费,做工量大。是
一种稀缺的工艺制作方式,现存量很少。

◆ 10-3 清 樟木半圆桌

晋
作
古
典
家
具

技术要素:稳重粗阔榫卯牢实,造型笨拙饰件显繁。

◆ 10-4 清　樟木桌柜

技术要素:樟木纹阔木质细,做箱雕刻最适宜。
　　　　榫卯柔韧少走作,满面浮雕富贵花。

◆ 10-5 清　樟木炕几

技术要素:镜屏构图巧美观,
做工合理有动感。

◆ 10-6 清 樟木镜屏(除坡板是
松木外,其余为樟木材质)

技术要素:寸二双圆框起线,
浮雕西厢作图案。
屏座硬线双面雕,
池板牙板牢镶嵌。

◆ 10-7 清 樟木雕花座屏(晋中)

114

技术要素:宝珠花叶图案框,蔓枝葫芦池板镶。
坡板赤虎花草纹,屏座线妙舒适牢。

◆ 10-8 清 雕花座挂镜屏（小阳泉张木匠作）

—— GUDIANJIAJU

技术要素：透雕浮雕都叫好，
　　　　　亚浑面线胆瓶座。
　　　　　用料处处都合理，
　　　　　只是坡板显粗阔。

◆ 10-9　清　樟木雕花座屏

技术要素：樟木做柜防虫蛀，
　　　　　工艺构架不变形，
　　　　　文字描金漆饰美，
　　　　　圆脚饰件更合理。

◆ 10-10　清　樟木藏书柜（晋中曹家大院藏）

晋
作
古
典
家
具

技术要素：便柜选材与尺度大气宽阔，工艺的平面性和严
实的做工体现了山西人的价值观。上面为六道雕花门合页
型插门；最上多宝格为抽屉式开启。柜面浅浮雕镶板与框
门雕刻舒展阔气，是晋作古典家具柜子中的精品。

◆ 10-11 清 樟木便柜（阳泉崔先生藏）

晋作 椿木
古典家具
DISHIYIZHANG

第十一章

　　椿木属于硬木,有好几个品种。因生长地的不同,皮质、材色、材质、味别等各有特征。常见椿木可分为臭椿木和香椿木两类木料,臭椿树开花结子,叶不能吃。香椿树不开花,春天树叶很好吃。这两类木材的树叶相同,木质材色相同,木质的硬脆细腻不同,气味有差异,材质也有差异。

　　香椿木。香椿树春天的树叶蒸炒凉拌都可以吃。其木质中软,变异性小,纹理中细,是一种上等的好木料。这种木料也较稀少,木质纹理大而阔,但是质细脆,色微黄,在北方加工家具仅次于核桃木。这类木料可用于雕刻,是一种高档的木材。明清时期常制作柜类、供桌、条案类的雕刻家具。香椿木材纹理直顺,略轻耐腐,干燥易开裂。

　　臭椿树在山西多生长。落叶乔木,夏天满树开豆荚花,秋天结子似萝卜籽,叶子有臭味,根和皮可入药。

　　臭椿的木质中硬,纹理近似于槐木,比槐木变异性大。木质比槐木的颜色黄,强度高。心材、中材、边材色差不大。臭椿木材适宜做建筑房梁、制作家具。木质硬，木纹多直顺，边材有柔性，农村还常取材做扁担、农具、车辕等。

民间俗话说："椿木为木中之王"，指的就是臭椿木。老百姓多把这种木材用作房梁，树木的树枝多利用制作家具。"活动桌椅不好做，硬木还得卯鞘严"，椿木属于硬木，多制作活动桌椅，其中香椿木常作雕刻。

五代冯道诗："灵椿一株老，丹桂五枝芳。"庄子《逍遥游》："上古有大椿者，以八千岁为春，八千岁为秋。"后因以椿年为祝人长寿之辞。唐钱起诗："帝力言何有，椿年喜渐长。"

椿木民间多用作盖房子的枋梁，是很讲究的木料。《后汉书》六十上马融传广成颂："椿、栝、柏、柜、柳、枫、杨。"就把椿木放在前面。其中栝树见后，但柜是否是榆、榉类木材，难以推断。

白椿的树种较少，传统认为只开花不结子。湿木容重参考值约 738kg/m³。木质比臭椿略软，纹多直顺，并且美观，心、边、中材区分不太明显，适用于制作家具与建筑装修。

技术要素：面平立面线好看，腿圆不配凳面线，
牙板比例也较好，腿圆斜度不规范。

◆ 11-1 仿作的四尺半长凳

技术要素：椅背如意左右配，中间花草八宝
纹。扶手稳固能拆却，材质匀称榫牢实。

◆ 11-2 清式　白椿木雕花直背椅

技术要素：壶门坐面靠背板，结构造型也
舒展，就是椅背高五分，四面出头长了点。

◆ 11-3 明式　香椿木官帽椅

晋
作
古
典
家
具

技术要素：重雕刻而轻造型，重卵鞘而欠丰满，结构牢实耐用。

◆ 11-4 清　椿木色垫镶嵌桌子

技术要素：用料比例较合适，起线配比较舒展。
　　　　　八个牙花做镶嵌，四块雕板装入严。
　　　　　面腿俊角很严实，腿脚配搭有点欠。

◆ 11-5 清　挂牙镶板雕花桌

技术要素:做工扎实座宽阔,
扶手靠背形刚劲,
雕刻刀功似粗犷,
实是丰满精细匀。

◆ 11-6 清 臭椿木搭脑禅椅

技术要素:利用香椿
木宜雕刻的材质,拉
帐起线,花板雕刻,柜
门与腿枨图案雕花,
金驼描金漆饰。

◆ 11-7 清 香椿木描金书柜
（晋东阳泉）

晋
作
古
典
家
具

技术要素：桌子线型很规范，构图配料很
美观，腿枨牙板榫卯严，漆饰光洁喜爱看。

◆ 11-8 明 椿木托角牙板带罗锅枨高桌

技术要素:圆弧腿枨做线形,宝心装板门
屉面,彩玻专绘传统画,榫卯什件很稳重。

◆ 11-9 明 椿木橱柜

晋
作
古
典
家
具

技术要素：柜面线形浅浮雕，舒展匀称纹地好，
牙角雕刻也细腻，卯鞘结构也牢靠。

◆ 11-10 清 香椿木博古柜

晋作 紫檀木
古典家具

DISHIERZHANG

第十二章

　　紫檀因色紫而得名。从材质工艺方面而言,因生长缓慢,木料稀缺,有"十檀九空"的说法。由于紫檀木质重、纹理美观,硬脆而细腻(注:这里不是含糊了坚硬的概念,因中国传统檀木做榫卯的强度略脆韧,无进口紫檀木坚硬)且变异性较小,少走作,宜于雕刻用刀以及刮光,可以进行串枝镂空的雕刻,而且有不阻刀、不崩裂的雕刻特点。就是空洞形的木材,横顺木质以及端面,也适合工匠的因材施艺和胶结雕花。

　　一般讲,紫檀木有岛屿檀和陆地檀的木质之分。岛屿紫檀,常绿乔木,一般树干直,略粗,纹顺,少空洞,死的枝节一般较少,木质匀称,旧称老紫檀,多产于印度洋岛屿。陆地紫檀,落叶乔木,一般树干少直,为粗灌木或乔木,多纹理扭曲,死的枝节和空洞多,木质紧密,现称老紫檀,产于中国南方。我国南方有古传秦州天水郡麦积岩佛龛铭:"芝洞秋房, 檀林春乳。"唐李绅《杭州天竺灵隐二寺·追思诗》:"近日尤闻重雕饰,世人遥礼二檀林。"宋苏东坡《秧马歌》:"山城欲闭闻鼓声,忽作的卢跃檀溪。"檀溪，位于湖北襄樊市西南。"坎坎伐檀兮，置之河之边兮"，这是《诗经·伐檀》就檀木在春秋时期最早的记事，从唐朝开始出现紫檀家具。

紫檀数百年才能成材，明代还有粗大木料，清以后的紫檀木较少大木，多为粗细不均、扭曲多节、多空洞的小木。因为木料枯竭稀缺，制作家具价格极为昂贵，当时传说是楠木的二十倍以上。人们说紫檀家具是中国古典家具中的贵族，有强烈的宫廷色彩，是符合实际的。云南人称"青龙木"，上海人称"香红木"，沿海和东南亚汉语称"花梨"，国外商界又称"檀木"、"红木"。

我国广东、云南等处生长有一种常绿檀香灌木，豆科蝶形花亚科紫檀属的珍稀树种，木质硬重，味有清香，有黄白两种，可称黄檀、白檀。只有这种木质和紫檀木同种。

明代家具用紫檀木制作的较多，此时有粗大的树木，多为桌椅和箱盒家具的制作，工匠以圆、凸、凹陷的浑面或是亚面的结构表现家具的工艺造型，更能体现紫檀木质感细腻和坚硬大气的肃穆之美。

清代家具紫檀木树木粗壮的少了，但加工工艺表现了家具制作的木结构化，配料选材合理化，雕饰刻镂艺术化。这一时期紫檀木制作家具的特点得到了全方位展现，纹顺匀称的木料用于腿脚几架的雕花，较粗大的木料利用于面板和面框。有的贵重家具还镶嵌古玉或是大理石，或是以浮雕文字渲染古典家具的华贵。

紫檀木是珍贵家具木料的王牌，只要制作工艺精细，购买和收藏是能够升值的。和紫檀木材质相近的木料多为进口，与国内紫檀相区别的简单方法是辨别木质纹理的粗细形态，以及木质的颜色和重量。

晋作古典紫檀家具早期存量很多，如桌子、座屏、乌木尺子（黑檀）、火盆架、箱盒等。但后来由于多种原因大量佚失。其一是解放战争时期的财产分配，好的紫檀家具散落；其二是文革期间"破四旧"损失；其三是研究家具文化与家具收藏丧失时机。

技术要素：胆瓶座整板做，座屏框满面雕，池板刻细纹，牙板走线雕，看似粗犷造型好。

◆ 12-1 清 紫檀木镜屏

晋
作
古
典
家
具

技术要素:回纹柱头胆瓶座,
　　　　　俊角相框富贵线,
　　　　　池板草纹拉伸线,
　　　　　坡板刚柔浮圆线。
　　　　　做工精细型规范,
　　　　　材质顺溜老紫檀。

◆ 12-2 清　紫檀木座镜

技术要素:本座镜量材下料,
材料要素,线形要素,精度要
素,雕刻配图要素很好,榫卯
结构牢实。

◆ 12-3 清　紫檀木座镜

技术要素：象形雕刻是晋派木工雕刻的祥瑞图案，建筑的枋头、斗拱、昂雕桌子腿脚常见。

◆ 12-4 紫檀木桌几的象鼻腿局部

晋
作
古
典
家
具

技术要素:浑面线型稳重感,直腿色垫也规范,
面枨舒适牙板薄,榫卯牢实工艺好。

◆ 12-5 紫檀木桌子

技术要素: 雕工镶嵌精致俏, 沉稳光洁触感好,
　　　　　框枨欠缺有一点, 榫卯结构够牢靠。

◆ 12-6　清　紫檀木雕花镶嵌直背椅

技术要素: 配料适中大小好, 腿面平整表现巧,
面料装板未开裂, 网板小料结构妙, 枨料做法
虽欠妥, 工艺精干稀缺料。

◆ 12-7　清　紫檀画案

第十二章 · 晋作紫檀木古典家具 ·

技术要素:紫檀箱盒较稀少,包角饰件全用到,
　　　　　榫卯牢实不变形,工艺平整表象好。

◆ 12-8 清　紫檀木书箱盒

技术要素:比例尺度恰到好处,
　　　　　线型舒展结构牢实,
　　　　　饰件包角形态庄重,
　　　　　镜子抽屉暗藏其中。

◆ 12-9 清　紫檀木梳妆盒
　　　　（芦先生藏）

技术要素：三层食盒加盖销，盒框提篮构思巧。
　　　　　每层稳固子口严，起线包角适中好。

◆ 12-10　清　紫檀木食盒（王先生藏）

技术要素：靠背扶手方线型，椅腿弯曲托泥型。
池板细雕圆滑镶，造型仿作南方功。

◆ 12-11 紫檀木宝座

晋作 花梨木
古典家具
DISHISANZHANG

第十三章

　　花梨木,木名,又称花榈。色紫红,微香;老龄树木质纹理拳曲,嫩者纹直;节花圆晕如钱,大小交错,质坚密。

　　花梨木似紫檀的比重,有纹理色道相似的木质特征,又有核桃木细胞点式射线肌理特征,为一种贵重木材。又名花狸、花梨。

　　花梨木是豆科蝶形花亚科檀属的珍稀树种。生长在热带地区,如越南、泰国、柬埔寨等地。我国苏、皖、桂、川、闽、赣等地区也产。木质的心材、中材、边材颜色有区别,中材、心材呈栗褐色或紫褐色,边材黄褐色,久置则颜色变暗。木材有光泽,纹理斜或交错,材质的结构细腻匀称,耐久耐腐性很强。

　　《西洋朝贡典录》(明·黄省鲁)一书记载,"花梨木有两种,一为花榈木,乔木,产于我国南方各地。一为海南檀,落叶乔木,产于南海诸地,二者均可做高级家具。"这里的海南檀不应是花梨木。

　　花梨木制作的家具材质比较匀称,木质的管孔含红褐色树胶和白色沉积物，微有清香气。散孔材或半环孔材，木射线极细，纹理斑纹较明显或有波痕，有鬼面者可爱。明清时期，制作花梨木家具非常盛行，有涂浅色料的特点，擦油与打蜡也可使木材波纹和光泽凸显，给人以庄重和丰满的天然感觉。旧时山西民间的商贾富豪、高官贵族都有使用。

花梨木木质硬细、沉重、强度高。因木纹细而匀称，故适合于各种家具的制作。心材呈紫褐色，久置可变为深紫褐色。在陈旧和油漆后的家具中可能误认为紫檀木。这种木质的家具只要是好的工匠制作精细，一定是珍贵的有价值的家具。尤其明代家具的结构形式，更能表现花梨木的木质美，庄重和沉稳的价值美。

花梨木在清代以后制作家具，以抽屉面、椅子靠背、床栏围板等为主，多用于雕饰，使家具的审美价值更高。

晋作黄花梨家具只有零星的制作，没有南方多，但晋商好多家具藏品的制作样式、雕品符号、配料、线型，体现出晋作工匠制作的条件与环境。从阳泉好多老工匠遗留的木工工具，如线刨、斜尺、推刨等，可以看出，山西虽无生长黄花梨的环境，但并不等于不制作黄花梨家具。

技术要素:材料珍贵线型好,粗细变换收边柔,
胆瓶屏插型丰满,坡板缺少也精致。

◆ 13-1 明 黄花梨座镜

技术要素:利用宽阔纹顺的难得木
板,以多子多福的榴开百子纹叶、
荷花、葡萄连续花边,严实精细的
镶嵌铜、锡、银饰件,构图雕刻匠气
十足。

◆ 13-2 清 黄花梨恭喜牌

晋
作
古
典
家
具

技术要素：坐面平镶装心板，
　　　　插榫扶手可取搬，
　　　　材质光滑手感好，
　　　　榫卯严实也很巧。

◆ 13-3　明　黄花梨搭脑椅

技术要素：线型曲拐精有致，腿枨圆弯很丰满，视觉触觉俊角
好，几面网板装镶严，材质用料为稀缺，工艺精致价值高。

◆ 13-4　明　黄花梨几架

技术要素: 五块木板做几座, 燕尾俊角线型雕,
火镰纹饰挂寿字, 工艺厚重造型好。

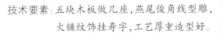

◆ 13-5 清　黄花梨佛座几

晋
作
古
典
家
具

技术要素：象鼻腿弯曲自然，用料纹顺较粗，束
腰鱼门空造型合理，雕刻细致，工艺精妙。

◆ 13-6 清　黄花梨炕桌

技术要素:上好材质料略小,四个色垫八镶角。八个牙角二分线,马蹄俊角榫卯好。

◆ 13-7 清　黄花梨镶嵌色垫桌

技术要素:有京派之韵,选材贵重,面阔,独特平整,牙板平面与俊角镶嵌,罗锅枨以霸王枨结构托起牙板,腿枨以明代造型起线,简洁朴素,不雕作而艺术造诣独到。

◆ 13-8 清　黄花梨画案

晋作古典家具

技术要素:圆线弧弯铺背腿,
　　　米字搭接料合理。
　　　圆弧围边雕花做,
　　　榫卯搭接很严实,
　　　镶嵌抛光大理石,
　　　造型别致很阔气。

◆ 13-9 清　黄花梨六腿圆桌

JinZuo
—— GUDIANJIAJU

技术要素:圆面圆腿圆枨拉,选材配料纹理好,
　　　曲线支撑榫卯牢,宫廷做工很稀少。

◆ 13-10 仿明　黄花梨画案(晋京坊)

技术要素：弯腿俊角略起线，样子浑实舒展面，
好像粗笨实耐看，桌面阴刻画棋盘。

◆ 13-11 清 黄花梨棋盘桌

◆ 13-12 清 黄花梨小花几

第十四章

晋作 红木
古典家具
DISHISIZHANG

　　红木也是檀属种树种，含有檀木的木质肌理，但比紫檀木轻，有些红木不沉于水。采伐后的树木，湿木容重参考值约864kg/m³，但材质柔绵、顺畅细腻。我国仅产于海南周边地区，其它产地分布于东南亚、非洲、拉丁美洲等地区。

　　红木以红色和优质的木质见长，我国出产量少，属于匮乏稀缺物种，珍贵树种多用于高档家具用材，一般工匠和民间使用较少，人们常常把红色木质比重重的木料笼统地叫做红木，这种现象也为社会所承认。

　　树名叫红木的有红椎、红科、红豆、红木树、铁红木等。

　　红木有的皮灰白，有的深红色。采伐后的树木，边材呈浅黄褐色，中材红中带褐色，心材呈深红褐色。有的树木由于生长的质地不同或是病态，心材为紫褐色，或是夹杂黑色条纹。好的红木木质硬而致密，给人刚劲的感觉。红木木质硬重而耐腐，色泽幽雅而质丽，深沉华美，纹理自然生动，典雅尊贵，专做高档家具，或是专做高档家具的贴面。

选择红木时应注意：

1.必须衡量木质密度细绵。掂量一下，木质硬而柔，并且沉重。

2.必须看木质纹理是否匀称适中，能否达到做工精细的要求。

3.必须看木料是否有自然刚柔丰满的质感，少节疤、无裂纹。

4.必须看木材的干燥程度。反手指敲击木板的一端，发声响"铛铛"，声音清脆，说明木材干燥；如果敲击声响发声闷而粗，说明木料湿，或是有腐烂的现象。这种方法也同样可以检查其它木材是否干燥。

红木器物以明代家具为最珍贵，俗称"老红木"。也有人把紫檀、乌木、铁梨木统称作老红木。也有人把进口的花梨木、酸枝木，东南亚杂木的代用材叫新红木。

技术要素：方正舒展榫卯严，
腿枨曲直适度弯，
活动座椅不好做，
硬木还得卯鞘严。

◆ 14-1 明式 红木罗锅枨方坐几

技术要素：做工精细看雕刻，浮雕触感柔舒展，选料大小线型好，工艺细腻榫卯牢。

◆ 14-2 清　红木福寿多宝柜

晋
作
古
典
家
具

技术要素:座面与束腰以圆棱起线装饰,马蹄腿与罗锅枨棱角微圆,尺度结构合理,形成了刚劲丰满的视觉效果。

◆ 14-3 清　红木坐凳

技术要素:因材施艺雕佛像,刀工粗犷,佛像神情自然,
虽然雕刻手法传统,但祥瑞意境悠然而生。

◆ 14-4 明 红木大肚佛木雕

技术要素:箱盒箱盖平齐展,一体做起锯口严,
老漆饰件虽陈旧,文化载体宝藏留。

◆ 14-5 明 红木书画箱盒

技术要素:条案桌样也精干,腿枨网板都镶嵌,
　　　　木料珍贵榫卯好,样式高贵做工繁。

◆ 14-6 清 红木镶嵌条案

技术要素:九尺长案红木做,立腿挡板和网板,
　　　　透雕美观用工繁,面棱起线腿自然。

◆ 14-7 清 红木翘头案

其它木料与
漆器家具

DISHIWUZHANG

第
十
五
章

晋作古典家具技术规范全面,在全国木工行当中能够称之为山西帮派,有自己的建筑、家具、漆具、农具、车船、棺木、藤器行当,而且还有众多的堂号。如晋东阳泉就有"慕竹堂"、"慎竹堂"、"元记元"、"范寿堂"等,其地域的堂号待考。这里把其它木料与漆器家具专设章节,以丰富晋作古典家具的文化内容。

一、楠木家具

楠木是北方工匠青睐的一种木料。北方由于红木稀少,楠木就成为高档材料。其树粗料阔,材质纹理可以很好地表现工匠的制作工艺,阳泉至今还留有清时家传工匠用楠木制作的桌凳,而且用大漆涂饰,品相完好。

二、根藤家具

旧时平遥的蒸笼与阳泉箩筐行业也是与木料打交道的行业。他们把柳木与藤条烤制或水煮,使木料任意弯曲,加工出了藤椅、藤架。这种家具流传比南方少的多,根艺、花架流传略多些,根椅也有后来制作的个别作品。

三、配料家具

松、柳、椴、杨、楸、桐与硬木配料家具,是晋作古典家具配料中,由木工特殊配料技术特点的工艺家具。师传:"硬木做框做面料,软木质细板装或雕,认识木材最重要,稀缺木料利用好。"所以家具制作一般以一种木料制作椅、桌、柜、门为多,从榫卯与构架的技术要求中,符合了同种木材干缩湿涨而变形小的特质。配料家具以椿、榆、槐做框料,符合木材的受力与家具使用寿命用楸、桐、柳、杨、松等木材做镶板与雕刻形成的配料家具,进一步解决了硬质木材的沉重与硬木镶板变异开裂的问题。而且雕刻装饰符合技术工艺,省工省料。所以说,配料家具具有一定的历史价值。有些工艺可保证木板不变形,家具较轻,而且不影响家具的使用寿命。

晋作古典配料家具中对木材白皮的处理有自己的讲究。白皮也是木料,不过是边材,但在工艺中利用在后镶板、底版,或是内框的隐藏面

技术要素:一层挂落牌吊挂,二层垂柱三挂落,三层垂柱雀替挂,座斗插飞歇山顶,卧脊跑脊吞吻全,插窗开门两长门。

◆ 15-1 民国　楸木佛龛
（配料家具）

而不外漏。所以出现了晋作古典家具"好门能甩四十年、好柜能放三百年；活动桌椅不好做，硬木还得卯鞘严"的说法。

佛龛制作也多选配料家具工艺，前图的佛龛，框料用硬木，其他雕刻材料用软木、细质木料，做工精细，造型设计符合工艺需要，最后进行彩绘，同样是一件良好的家具。比如一件紫檀高桌上的硬鼓罗锅枨框式拉枨，利用了紫檀小料，运用木结构的良好技术组合制作而成，集扎实牢靠与艺术的造型工艺于一体，这就是工匠技艺的自然与神奇。

四、漆器家具

晋作古典家具早期有漆器家具。传云："平定的描金平遥的漆，绛县的漆雕最有名。"而平定的描金多用金驼色，多以柳杨木为骨架，鳔胶粘合榫板，毛纸裱糊抹泥打平，刷黑金驼色，画吉祥图案、戏曲故事，然后用大漆漆饰。山西平遥的推光漆器家具始于唐代，比山西阳泉平定的描金柜漆器更早，到清代时商号增多，进入了全盛时期。绛县的优质云雕漆器、螺钿镶嵌家具除由达官贵人购买外，少量还出口日本与东南亚各国。

五、家具的什件

由于山西的冶炼技术发达，什件便在晋作古典家具中普遍使用，比如铁质的合页、掉挂、包角、拉手、锁钥等在宋、元时期就开始使用，到明代已经非常精致。明清期间，生铜铸制或是熟铜打造的各种铜什件十分常见，铜合页、铜琐等大什件至今还有保存。

◆ 15-2　明　大铜锁及其锁匙

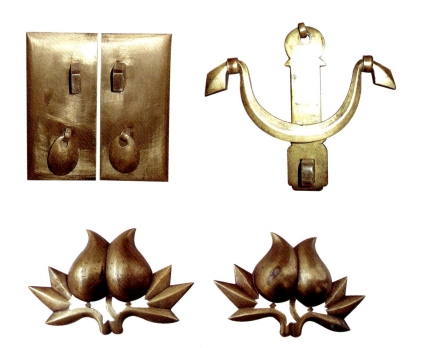

◆ 15-3　晋作家具的铜饰件

◆ 15-4 晋作家具的铜饰件

技术要素：用料统一选料好，以方促圆构线型。
　　　　　榫卯部位严实好，空透弯曲面光洁，
　　　　　大漆涂饰传统色，动静稳健又刚健。

◆ 15-5 明　晋作楠木雕花椅

晋
作
古
典
家
具

技术要素:橱柜虽小用料阔,平面舒展周正
好。三面俊角与插肩,橱面平整工艺巧。

◆ 15-6 清 楠木橱柜

技术要素:随型取样定构思,曲弯根材觅结构,
适用艺术两齐备,自然神奇是佳品。

◆ 15-7 黄荆木椅几(路玉章作)

第十五章 · 其它木料与漆器家具 ·

技术要素:五尺七高二尺七宽,三层放书底柜橱。
外边圆线内圆柱,下门雕花浅浮雕。

◆ 15-8 红松书架(路玉章作)

晋
作
古
典
家
具

技术要素:藤条弯曲料难找,对称图案构思妙,
弯曲定型工艺牢,榫卯穿插硬木削。

◆ 15-9 清　藤条弯曲艺术椅

技术要素:用料统一质稀少,
线型比例适中好。
面板装镶用料阔,
俊角透榫实牢靠。

◆ 15-10 清　楠木坐几

技术要素:屏座顶帽榉木雕,镶板前后纹图雕,红木屏插两边缺。榉木圆线包榆木,丈一阔度九尺高,雕花图纹镶石料,硬鼓纹雕顶香炉腿,活动拆卸榫卯牢,造型阔气艺精细,工艺舒展价值高。

◆ 15-11 清 红木、榉木、榆木配料家具(老照片)

技术要素:椴木质细最宜雕,木质变异处理好。虽无明清用料阔,造型简洁雕刻好。

◆ 15-12 民国 椴木炕桌

晋作古典家具

技术要素:楸木纹顺不走作,质软易雕好做造。
雕刻镂空做花板,起线匀称常用料。

◆ 15-13 民国　楸木凳座

◆ 15-14 清　楸木
脸盆架(平定)

技术要素:木工胎模必须规矩,比例协调,传统漆饰图案极为细致,漆膜光滑触感好。

◆ 15-15 平遥推光漆器秀墩

平遥雕漆秀墩坐面

技术要素:木胎制作牢实,层次构图合理,雕漆图案配置美观,漆饰工艺规范。

◆ 15-16 平遥雕漆六方秀墩

162

作
古
典
家
具

技术要素:木胎制作规矩协调,
喜庆色彩的传统图案漆饰。

◆ 15-17 平遥推光漆柜子

技术要素：柜子木胎尺度恰到好处，柜边腿脚图案精致，柜门以红楼梦戏曲故事漆饰出层次与环境，做工精细，制作精妙。

◆ 15-18 平遥推光漆柜子

技术要素：漆饰画面美丽，似柜在画中。

◆ 15-19 平遥推光漆柜子

第十五·其它木料与漆器家具·

晋
作
古
典
家
具

技术要素：堆漆的层次厚度难，雕刻画面工艺更难。

◆ 15-20 平遥雕漆盘式工艺品

技术要素:造型美观,雕刻图案立体感强劲,
漆面光洁,触感丰满。

◆ 15-21 平遥雕漆首饰盒

技术要素:楠木胎梳妆盒,推光漆饰工艺,
描金(金驼色)仕女图盒面。

◆ 15-22 平遥推光漆梳妆盒

晋作古典家具

技术要素:雕漆工艺从艺术品到大型家具,都可以合理
制作,只是工艺的复杂程度在工作量方面比较大。

◆ 15-23 平遥推光漆书卷几

晋作古典家具
博物馆

第十六章

山西省太谷县曹家大院即太谷"三多堂博物馆"。地处山西太谷县的北洸村，位于太谷县城西，108国道南500米处。始建于明末清初。

作者专门考察过晋中曹家大院，对曹家的经商发迹史有精浅了解，对那古色古香的寿字形院落的建筑特点难以忘却，对那些琳琅满目的瓷器珍品也有颇为留恋，然而最令我关注的是那里大约500多件明清古家具的珍品。

曹家大院收藏的明清古家具，其内容包含了中国民间家具柜橱书架类、凳椅桌子类、几案屏风类、箱盒卧具类等各种形式。这些家具的造型艺术，虽然少有皇室家具中椅子、柜子雕饰的大龙大凤和至高无上的威严气势，却具有山西富商大户、官商文人家族的雄浑、典雅、秀丽之美。

曹家大院各种大小的镜屏、各种大桌和几案在古朴、浑实的艺术中求阔气，同样也有皇室家具雄浑大气和镶嵌华贵的装饰特点，并代表着晋商首富的家具气派。

曹家大院的神龛制作工艺具有京派之质,苏派之风,是太行山地区晋作家具"山"和"石"风格的"阔气"。整个造型似苏州门楼的形式,实际上是给人们以二级院的立体效果。细看屋脊的形状是二级院的门楼,这是山西建筑独特的垂花门楼雕刻艺术形式。因为行式要服从于木构的造型,所以最上端的福寿顶帽在制作木结构的形式中,就不能再做瓦脊了,由此参酌了苏派的风格。

古代的木业制作,从建筑到家具,山西产生了大量的能工巧匠。山西优越的地理位置与丰厚的物产资源有利于住宅的建造和创造稳定的生活、居住环境,并且考古研究证明(山西侯马战国时代的古马车等)山西是全国最早生产和使用木制家具的地区之一。

太谷曹家是在明清经商发迹史中的富商大贾,在院落大规模的建筑兴建过程中,对家具的充实和布局,体现了时代性与价值的完美统一。

曹家大院珍藏的古家具材质优良。有紫檀木、红木、花梨木、鸡翅木、核桃木、香椿木、榆木、槐

技术要素:仿建筑三层立柱与垂柱式雕刻神龛,工艺繁华精致,细微的建筑构建也应有尽有,工到妙成。

◆ 16-1 清　曹家大院的艺术神龛

木、柳木、杉木等诸多材质的家具。诸多的家具选材配料合理，制作结构严实，造型艺术完美，有很高的欣赏价值和研究价值。比如，明式的官帽椅子，作为日常活动中使用的物品，没有好的材质和好的结构组合不会留传至今。又比如桌子各部位腿枨的用料大小，面板的配料合缝，榫卯棕角穿插结构的制作等，正是因为有好的工艺、好的结构才会流传至今。所以，中国古家具昂贵的经济价值，就是优质的材料、合理的结构、精细的工艺和反映民间民俗艺术的总和。

曹家大院的古家具，有明式家具的用料统一，形式庄重和浑朴；有清式家具的结构合理，配料考究，雕刻艺术丰富多彩。这些家具的雕刻艺术，可称为三晋古木雕艺术的一绝，又可视为晋作民间家具的珍品。

曹家大院古家具艺术图案的内容是很丰富的。特定的结构部位雕刻着不同的传统吉祥图案。动物图案有中华之龙，活跃腾飞之势；有东方雄狮，吉祥中压着歪邪，扶起正气之美；有象、鹿、牛、马等图案，象征着万事如意，人与自然的和谐。人物图案用形态各异的八仙、三星、童子、戏曲故事等渲染祥瑞。器物图案用葫芦、笛子、宝剑、团扇、莲花、鱼鼓、花笼、阴阳板等暗八仙器物，也有用轮、伞、罐、盖、如意等八宝器物向往纳吉。鱼虫花草图案更是霞光般的华丽。有松、竹、梅、菊、羽毛、草纹、宝相花、寿桃、石榴、葫芦、柿子、葡萄、金鱼、蝙蝠、凤凰、蝴蝶等内容。总之，各种图案在雕刻的硬鼓纹或是软鼓纹中穿插变化，或是以浅浮雕的形式出现，或是以透雕的形式镂空。这些艺术图案的雕饰，大都反映了清代人们向往喜庆纳吉的思想,同时又反映了晋作工匠高超的工艺水平。

曹家大院的古家具结构和形状变化多样:镜屏家具富丽堂皇,椅子曲折变化,几架桌案质朴稳重,柜橱的尺度比例非常得体。这些家具的制作工艺精细,家具漆饰与镶嵌的制作工艺也非常考究,完全可以代表中国"晋作民间家具"的最高水平,是难得一见的珍品。

晋作古典家具
作坊堂号

DISHIQIZHANG

第十七章

"堂"从文字意分析，一般指高大的房屋，如正屋、正堂、礼堂、教堂、大堂等。

堂号随着深厚的文化内涵而产生。牌匾书以堂号，铭德、铭行、铭志宣扬行业的道德信念。古往今来，古玩藏家、文人墨客、书画印人、家族商铺、宗德祠堂都愿意起堂号。晋作古典家具的作坊商铺自然也随以堂号诚信销售自己的家具，各富商大院自己就拥有高级工匠，制作的家具也以自己的堂号标示。

太行山中的窑洞文化产生了晋商的布搭拉宫"银圆山庄古建筑"、晋商的"小河花园式古建筑"、晋商古村镇"大阳泉"，盂县藏山的藏孤洞典藏了历史中的"赵氏孤儿"。煤海山城的物源养成了阳泉人走南闯北的性格，历史上晋作家具在阳泉（平定县范围内）有举足轻重的地位。当我们细致地研究阳泉市的古家具工艺文明，各大富豪的红木、核桃木、槐木、椿木、柳木等材质的家具，发现了各种各样的艺术文化，滴水成河、积石成

山、淘沙见金。阳泉固有自己得天独厚的优秀家具艺术文化"图腾"，其工艺客观地表现着阳泉人历史上的艺术文明，人气、经营、诚信以及人们生存和生活的历史。

山西由于煤、铁、铝等矿业的繁荣，民国战乱期间工匠多转向别的行业，从事学习木工工艺的匠人渐渐稀少，导致家具制造行业的不景气。明清时期家具业作坊还可以查到一些，作者关注多年，在阳泉市平定县、盂县发现了一些，柜子和桌椅中贴着的一些书写堂号，有"慎思堂"、"慕竹堂"、"元记元"、"范寿堂"等，这对于古家具的鉴定和品牌的研究有一定的指导意义。各个作坊的堂号或在椅子坐面下或在桌子面板下，有的直接用毛笔写着或是写在宣纸上面贴着，说明晋商工匠很注重自己的品牌经营。

◆ 17-1 明代四出头"慕竹堂"香椿木官帽椅

◆ 17-2 明代托角牙板带霸王枨高桌"范寿堂"号家具

◆ 17-3 清代"元字元"号
椿木椅子

晋
作
古
典
家
具

◆ 17-4　清　大漆书（竖）柜"周连堂"记家具

明清家具的
区别

好多学者和热爱古家具收藏的同志问我,明清家具哪个朝代的最好？这个问题也一直是人们关注的热点问题。

我一般是简言回答:哪个朝代都有精品家具,都有劣质家具。

经过对古家具造型、尺度比例、材质运用、制作工艺、漆饰雕刻及装饰内容方面的考究,发现有以下特点。

一、明代属线型艺术家具

从艺术视觉的审美方面观察,家具中的框枨用料分为方形和圆形两种,这里称作方线造型和圆线造型。又可以把方形框枨看作硬线,圆形框枨看作软线。这又符合了传统工艺中的硬鼓纹即硬线,软鼓纹即软线。明代家具是硬线造型的家具,简称线型家具。

明代家具造型大气,线条舒展,适合现代人生活环境的收藏和使用需求,突出了家具纯木结构艺术的造型美。

1.材料质地用料大都统一均衡。

2.完善了角榫的三面俊角结构。

3.严谨了腿足、拉桅、牙板等部位的制式和卯鞘结构。

4.高低宽窄弯曲的比例尺度恰到好处。

5.线型(硬线或软线造型。包括浑面,俗称"葡贝",亚面,俗称"凹面"的宽窄尺度)装饰,简洁厚重、丰满贯通。

6.从视觉艺术衡量,一线一面曲直转折严谨准确,有一种稳中有动、飘柔刚劲的鲜活感觉。

7.漆饰和铜什件自然适度。

二、清代属文化艺术家具

清代家具是在明代家具基础上的又一个家具历史飞跃,加入了丰富多彩的雕刻,显得厚重、秀丽、祥瑞。

一是在明代线型家具的基础上加入了线条,传统工艺中俗称"起线",也叫起线家具,就是不加雕饰,把家具的腿桅或是牙板刨出文武线,并与榫卯形成插肩结构,或是搭接方式。形成一种家具的线条美。

◆ 18-1 清　晋作楸木镜屏

二是在家具线条美的形式上,又加入镶板雕刻图纹、各种戏曲故事、传统纹饰,用于腿桅雕刻式镶嵌,把器物制作工艺与图纹寓意文化融为一体,可称为文化家具。

清代家具造型繁华,线面结构加雕镂装饰,适合当代人的收藏使用与文化娱乐,突出了多工艺装饰民俗文化的艺术美。

1.材料质地用料大都均衡,突出了珍贵木料与相近木质的搭配,软硬木料的搭配。

2.丰富了各种浅浮雕、透雕、镂空的雕刻艺术。

3.融入了各种工艺纹饰图案,祥瑞喜气与冗繁豪华,形成家具民俗文化。

4.木雕艺术和木结构造型大都贯通一气,家具陈设和艺术审美揉为一体。

5.雕刻、镶嵌、彩绘、贴金、珐琅、玉、牙、藤、石等行业工艺手法相融后,好家具自然成为精品,也融入一些较差的装饰,形成家具不规范的多样化、复杂化。

6.从视觉艺术衡量,好的家具典雅而不落俗套,有一种千看不烦、百看不厌的感觉,给人以无止境的艺术美享受。

后记

　　《晋作古典家具》一书终于编撰完成，心中甚是激动，千种滋味涌上心头，编撰过程历历在目。书稿的编写缘起于三晋出版社的原晋先生。我是山西人，同时也是晋作家具的制作人、使用者、晋作古典家具的研究者，多年来执着地进行着与晋作家具有关的研究和制作工作，积累了不少制作经验，也发表了不少研究性文章，但总不能够全面表达出晋作家具的总体情况。一次与原晋先生在聊天中提及此事，原先生从受众的角度提出了不少关于晋作家具的问题，并表示想编写一本关于山西家具的书稿。我担当起了此重任，自此开始重新系统的审视自己关于山西家具的研究成果，整理所拍得的相关图片，与相关朋友联系，几经修改，最终编写完成。

　　本书采集了晋作古典家具各种材质制作与雕制的式样共300多幅图片，大部分来自晋东、晋中、晋南，晋西北、晋东南的相对少一些。在采集资料与编写过程中，得到了早年祁县乔家大院、太谷三多堂博物馆、灵石王家大院、榆次常家庄园、襄汾丁村博物馆、阳泉银圆山庄、小河石家花园的大力支持，在这里表示感谢。同时也感谢平定民间文艺家协会李文元先生提供的 10 张照片、红木家具杂志社王福永先生提供的 4 张精品照片、晋东阳泉古典家具爱好者帮助搜集的照片,有了各种照片才丰富了晋作家具的内容,在这里深表感谢!

　　晋作古典家具是我国家具发展历史上不可缺少的重要组成部分,全面地挖掘这一工艺文化,确立晋作古典家具的历史地位与艺术价值很有必要。晋作古典家具是古代山西人的家具历史文化,依靠着黄河水与汾河水的灵性,吕梁山与太行山的厚重,形成了"山"与"石"独特的家具气度。阔气是好、阔气是美、阔气是适用、阔气是耐用、阔气是博大深重。我们挖掘这一文化遗产与晋商文化的研究有同样积极的意义。

路玉章

2010 年 8 月于山西林业职业技术学院

图书在版编目（CIP）数据

晋作古典家具 / 路玉章著. —太原：三晋出版社，
2010.6
ISBN 978-7-5457-0223-1

Ⅰ. 晋… Ⅱ. 路… Ⅲ. 家具—简介—山西省—古代
Ⅳ .TS666.225

中国版本图书馆CIP数据核字（2010）第052534号

晋作古典家具

著　　者：路玉章
责任编辑：张继红
助理编辑：赵亮亮
出 版 者：山西出版传媒集团·三晋出版社（原山西古籍出版社）
地　　址：太原市建设南路21号
邮　　编：030012
电　　话：0351-4922268（发行中心）
　　　　　0351-4956036（综合办）
　　　　　0351-4922203（印制部）
E—mail：sj@sxpmg.com
网　　址：http://sjs.sxpmg.com
经 销 者：新华书店
承 印 者：山西臣功印刷包装有限公司
开　　本：787mm×1092mm　1/16
印　　张：11.5
字　　数：110千字
印　　数：1—5000册
版　　次：2011年4月　第1版
印　　次：2011年4月　第1次印刷
书　　号：ISBN 978-7-5457-0223-1
定　　价：65.00元